教育部人文社会科学研究青年基金项目(11YJC710068)

美德与自然：环境美德研究

◎姚晓娜 著

Meide yu Ziran
Huanjing Meide Yanjiu

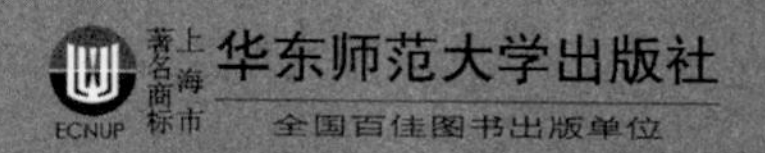

图书在版编目(CIP)数据

美德与自然：环境美德研究/姚晓娜著.—上海：华东师范大学出版社，2016
华东师范大学新世纪学术出版基金
ISBN 978-7-5675-5651-5

Ⅰ.①美… Ⅱ.①姚… Ⅲ.①环境教育-研究
Ⅳ.①X-4

中国版本图书馆CIP数据核字(2016)第201014号

华东师范大学新世纪学术著作出版基金资助出版

美德与自然：
环境美德研究

著　　者　姚晓娜
组稿编辑　孔繁荣
项目编辑　夏　玮
特约审读　黄　山
装帧设计　高　山

出版发行　华东师范大学出版社
社　　址　上海市中山北路3663号　邮编 200062
网　　址　www.ecnupress.com.cn
电　　话　021-60821666　行政传真 021-62572105
客服电话　021-62865537　门市(邮购)电话 021-62869887
地　　址　上海市中山北路3663号华东师范大学校内先锋路口
网　　店　http://hdsdcbs.tmall.com

印 刷 者　常熟高专印刷有限公司
开　　本　787×1092　16开
印　　张　12.75
字　　数　210千字
版　　次　2016年9月第一版
印　　次　2016年9月第一次
书　　号　ISBN 978-7-5675-5651-5/B·1040
定　　价　35.00元

出 版 人　王　焰

目录

导　论

哲学社会科学向日常生活世界的转向，是20世纪哲学的重大转向之一。传统哲学观认为日常生活世界是絮絮叨叨的无意义的世界，日常生活世界不是哲学思考研究的对象。20世纪以来，转向日常生活世界研究的哲学家认为，日常生活世界是浸润、渗透和实践着人们哲学价值观的世界，是人们哲学思想的反映和哲学信念的基础，日常生活世界是哲学的根基，哲学研究必须关注日常生活世界。环境美德的研究来源于对日常生活事件的哲学思考。

美国环境伦理学家托马斯·希尔(Tomas Hill)先生家搬来了新的邻居。新邻居来之前的隔壁小院，绿油油的青草覆盖着地面，数棵枝繁叶茂的鳄梨树遮蔽着屋顶，小院到处呈现出勃勃生机。可是，新来的邻居似乎不喜欢这些鳄梨树和绿草地，他操起电锯将鳄梨树伐倒在地，将院子里的青草全部铲掉并铺上一层厚厚的沥青。邻居的这些行为托马斯都看在眼里，对这个砍树铲草大动干戈整修院子的新邻居，他心里莫名其妙地升腾起一种强烈的反感。托马斯几次想要阻止邻居的行为，可是话到嘴边又觉得不妥，因为从一般意义上来讲，托马斯并没有过硬的理由来阻止新邻居铲草伐树的行为，毕竟，他对其购置的院子是享有私有财产权的，砍伐鳄梨树、整修草地都是在其合法的私有财产权范围内进行的合法行为。但是，源自内心深处对这种行为的反感和不安一直促使着托马斯思考："这位新邻居究竟是一个什么样的人？为什么他在自家院子的行为会招致自己内心的反感？"作为一个伦理学家，托马斯希望从伦理学理论中找到自己内心反感的理由，潜意识地也希望找到说明邻居行为欠妥的道德理由。将自己对邻居伐树铲草的日常生活事件的思考与环境伦理学的理论问题研究结合起来，他发现，早期环境伦理学家的理论论证无法给自己提供充分解释此种情形的理由。1983年，他在《环境伦理学》(*Environmental Ethics*)杂志撰文提出，环境伦理学的研究思路需要转换，应该从仅仅关注道德行为(act)本身转向对行为者(actor)的研究，转向对行为者道德品质的研究。

无独有偶，1999年某天，两个休假的美国海军士兵在内华达州的原野上狩猎休闲。两人当天的运气可不怎么好，整整一天过去了，被准许狩猎的猎物都没有出现。在失望之余，二人端起手中的猎枪朝远处的一群野马一阵扫射，二十多匹野马旋即倒在了血泊中。"野马事件"经过媒体的报道在美国公众中引起了很大的震动，许多人感到十分愤慨，他们向媒体打电话问询："那两个人是究竟是什么样的人？他们的道德品质为何如此恶劣？"在"野马事件"引发的热烈讨论中，环境伦理学家珍奥弗瑞·弗拉茨(Geoffrey Frasz)受到启发。他注意到，公众质询的问题是："枪杀野马的海军士兵(在道德上)是什么样的人？他们的道德品质为何如此恶劣？"这种发问自然而然地将"人"、"品德"与被枪杀的"野马"联系起来。由此，珍奥弗瑞·弗拉茨提出作为研究人与自然之间关系的环境伦理学，不仅要关注人对自然的一般抽象行为(act)，还要关注具体的行为人(actor)、行为人对自然的道德态度和行为人的道德品质。

中国社会的日常生活世界中也有类似事件值得思考。20世纪90年代，歌手朱哲琴的一首歌曲在人们中间传唱，歌曲的名字叫《真实的故事》。歌词大致为："走过那条小河你可曾听说/有一位女孩她曾经来过/走过那片芦苇坡你可曾听说/有一位女孩她留下一首歌/为何片片白云悄悄落泪/为何阵阵风儿为她诉说/喔～啊～/还有一只丹顶鹤轻轻地飞过……"正如歌曲名称所写，这是一个真实的故事。歌曲中的那位女孩名字叫徐秀娟，她从小在黑龙江扎龙自然保护区生活并且非常喜欢美丽的丹顶鹤。在父亲的影响和教导下，年轻的徐秀娟渐渐成为养鹤能手。1987年9月的一天，徐秀娟在江苏盐城自然保护区工作时，为救一只心爱的丹顶鹤滑入泥沼不幸牺牲。徐秀娟的故事伴随着歌曲的传唱感动了人们，当时的国家环保局授予徐秀娟“我国环境保护战线上第一位因公殉职的革命烈士”的称号。徐秀娟为救丹顶鹤而牺牲非常令人惋惜，同时这种牺牲行为也很特殊，国家环保局授予她“革命烈士”的称号，是将她舍身救鹤的行为与在革命战争年代的牺牲行为相类比。值得思考的问题是：徐秀娟救丹顶鹤的行为是否能够类比为原初意义上的革命精神？“革命烈士”的称号能否准确恰当地反映出徐秀娟为救丹顶鹤而牺牲的道德品质内涵？从伦理学的角度来讲，徐秀娟作为在保护自然事物（丹顶鹤）中展现自我牺牲精神的人，可否有更为准确的称号来表达这种特殊的道德品质和伦理精神？

另一个在中国人的日常生活世界中引起心灵震撼的人是杰桑·索南达杰。杰桑·索南达杰是青海省玉树藏族自治州治多县委副书记，从小生活在藏区的他对可可西里的藏羚羊有着特殊的感情，当他看到许多盗猎分子对藏羚羊进行大肆屠杀和偷猎的疯狂破坏行为时，索南达杰和一些志愿者成立了“西部工作委员会”来保护藏羚羊。1994 年 1 月 18 日，索南达杰在押送一批盗猎分子的途中，盗猎分子企图逃脱，他在与盗猎分子的枪战中牺牲，牺牲时还保持着与盗猎分子对击的跪射状态。索南达杰的牺牲震惊了中国社会，人们纷纷表达了对索南达杰崇高品格的敬佩和对他所从事的藏羚羊保护事业的关注。1995 年中国政府批准成立“可可西里省级自然保护区”，1997 年成立“可可西里国家级自然保护区”。与此同时，一些环保志愿者也以索南达杰的名义设立自然保护站在可可西里开展环境保护工作。鉴于索南达杰的英勇行为，1996 年中国国家环保局、林业部授予索南达杰“环保卫士”的称号。与徐秀娟的“革命烈士”称号相比，“环保卫士”的称号具有什么道德内涵？从“革命烈士”到“环保卫士”的称号变化，反映了政府与公众对这类行为怎样的道德观念变化？

与前述徐秀娟救丹顶鹤牺牲的单向行为不同，索南达杰从事的藏羚羊保护事业中，公众可以看到两个对待野生动物持截然不同态度的群体：一个是为了牟取暴利而杀害野生动物的盗猎者及其背后的消费人群；另一个是志愿付出艰辛甚至献出生命的保护野生动物及自然资源的保护群体。从伦理学理论角度看，在“索南达杰事件”中，藏羚羊作为一种动物成为人们道德关怀的对象，对待藏羚羊及其他野生动物的态度成为评价人道德品质的依据。由此，人的道德品质之善恶与对待自然事物的态度之间有了联系。在道德评价的天平上，以索南达杰为代表的保护环境的志愿者是“善”的力量，盗猎者及推动盗猎的后台消费人群是“恶”的力量，人在对待自然事物的态度上呈现出“善”、“恶”的评价并且直接与人的道德品质建立了联系。

日常生活世界是浸润着价值观的世界，是哲学思考的对象。托马斯先生的“邻居伐树铲草”，美国“海军士兵枪杀野马”，徐秀娟“舍身救丹顶鹤”，索南达杰“保护藏羚羊与盗猎分子搏斗牺牲”，这些日常生活事件（尽管其作为日常生活事件有些许特别）须从哲学层面进行深入思考。值得关注思考的问题有：其一，这是发生在日常生活世界中的生活事件，但是与柴米油盐、买房置地、爱恨情仇的日常生活事件又有所不同。这类事件所牵涉的对象不是传统伦理学所关注的人，而是树木、花草、丹顶鹤、藏羚羊、野马等自然事物，并且这些自然事物在此类日常生活事件中扮演了非常重要的角色。其二，一般来说，公众关注的日常生活事件包括生存、生活、娱乐、休闲等都与其自身利益有着非常密切的相关性。但是，丹顶鹤、藏羚羊、野马等显然与人们日常生活情境相距较远，此类事件能够吸引公众如此高的关注度甚至成为全社会关注和评价的公共事件值得深思。其三，在公众关注和社会评价中，公众将人对待自然事物的态度与行为人的道德品质相联系，给予这些人以“道德的”或“不道德的”的社会评价，意味着对待自然环境事物的态度和行为与人的道德品质之间存在着某种联系。如果将这些问题学理化，则可以提炼出以下的学理问题。

问题一：托马斯·希尔先生的邻居、枪杀野马的士兵、徐秀娟、杰桑·索南达杰都是在日常生活世界中的普通人，普通人的日常生活除了在与人交往时展现怜悯、仁慈、关爱等道德品质外，在对待树木、花草、野马、丹顶鹤、藏羚羊等这些自然界的存在物时，能否也像对人一样展现怜悯、仁慈、关爱等道德品质？也就是说，人之“美德”是否能够观照自然事物？“美德”与“自然”之间是否可以进行理论构架？

接着，同为日常生活世界的普通人，枪杀野马的海军士兵和保护藏羚羊的索南达杰表现出了截然不同的道德态度和对待自然事物的道德品质，人们斥责枪杀野马的海军士兵和藏羚羊的盗猎分子，赞扬和崇敬索南达杰的品格。值得思考的是，为什么不同的人对待自然事物的道德态度和行为会有如此大的差异？这些差异与什么原因有关？与他们个体的道德修养或内在的道德品质有没有关系？能不能透过人对待自然事物的道德态度和道德行为对人的道德品质进行道德评价？能否对人对待自然事物的道德态度进行“善”、“恶”的道德评价？

问题二：公众谴责枪杀野马的海军士兵和杀害藏羚羊的盗猎分子，对于救丹顶鹤牺牲的徐秀娟和保护藏羚羊的索南达杰表达了崇高的敬意，把他们当作道德英雄或者道德楷模来看待。我们在以往道德教育中经常推出各种各样的道德楷模人物，耳熟能详、妇孺皆知的如黄继光、邱少云、罗盛教、白求恩、焦裕禄、雷锋、徐虎、李素丽、孔繁森、任长霞等等。每一个道德楷模，当人们提及他/她时，都会有清晰的道德内涵或道德所指，如黄继光是革命英雄主义精神，邱少云是遵守铁的革命纪律，罗盛教是勇于献身的救人精神，白求恩是毫不利己、专门利人的国际人道主义精神，焦裕禄、孔繁森和任长霞都是为工作鞠躬尽瘁、死而后已的公仆精神，雷锋是听党的话、奉献助人的好榜样，李素丽和徐虎是在平凡的工作岗位上乐于服务群众的精神。而徐秀娟、索南达杰作为道德楷模，显然是不同于传统道德楷模类型的新型道德楷模。那么，这种新型道德楷模与传统道德楷模的区别在哪里？新型道德楷模的道德精神内涵是什么？其道德内涵的"新"表现在哪里？道德哲学是否有相应的道德范畴来指称这种新型道德楷模并阐明其所具有的道德品质和伦理内涵？

问题三：徐秀娟救她深爱的丹顶鹤滑进泥沼牺牲后，人们用歌声表达了对她的敬佩，有关部门授予了她"我国环保战线上第一位因公殉职的革命烈士"的称号；杰桑·索南达杰牺牲后，国家环保局、林业部授予他"环保卫士"的光荣称号；继徐秀娟、索南达杰之后，一批批类似的道德人物不断涌现，如为保护滇西金丝猴奔走呼号的梁从诫、为保护滇池而独自战斗的张正祥等等，媒体和社会给予了他们诸如"绿色人物"、"环保英雄"、"绿巨人"、"环保卫士"等各种称号。从伦理学层面来说，"绿色人物"、"环保英雄"、"环保卫士"的道德内涵究竟是什么？具有什么样的品格特征的人或者具有哪些美德的人才能符合这些称号？在当前为环保宣传而选择的形象代言人中，具有什么样道德内涵的人，其道德形象才能够较为恰当准确地向公众传递环保的精神内质？具有什么样道德品质的"绿色人物"才能够成为中国环境保护运动的精神引领者？

问题四：人们对索南达杰、梁从诫等人的高尚品德充满了敬仰，但是，在当下的日常生活中，内心却常常是倍感纠结：一方面享受汽车出行的便利、空调房间的凉爽、一次性用品的便捷，另一方面却要忍受雾霾笼罩、噪音尾气污染、交通阻塞等问题；一方面是精美的商业广告中"消费——快乐——尊贵——成功"的价值理念让人趋之若鹜，另一方面是"低碳生活，你也可以成为环保英雄"的道德鼓励。作为在这样一个时代的日常生活中的"我"，到底该成为一个什么样的人？如何不再纠结？如何达到内心的平衡？如何实现自己的人生价值？如何在物质生活水平不断提升的时代，使发自内心的幸福感油然而生？如何才能拥有一种"环保英雄"的道德使命感？对待自然，"我"应该具有何种美德（virtue），避免何种恶习（vice）？

问题五：对于中国社会的公众而言，近年来随着雾霾等环境危机事件频发，其环保意识空前提升。但据调查，大多数公众的环保意识只是作为环境事件受害者的角色意识，而缺少作为自觉的环境保护行动者的意识。从公众环保教育的角度看，如何才能够使公众的环境意识从被动的"环境受害者意识"向积极主动的"环境保护行为者意识"转变？这其中需要什么伦理精神与道德动力？这种保护自然的道德动力需要什么样的道德品质的支撑？伦理学特别是环境伦理学应该给出怎样的学理支撑？

环境美德伦理学（Environmental Virtue Ethics, EVE）尝试对上述日常生活事件引发的学理问题进行研究。如前所述，1983 年，托马斯·希尔在《环境伦理》杂志发表了《人类卓越的理念和保护自然环境》（*Ideals of Human Excellence and Preserving Natural Environment*, 1983）一文。希尔讲述了自己对新搬来的邻居伐树铲草行为的反感并展开思考的故事。希尔尝试用环境伦理学的几种理论，如自然权利论、内在价值论乃至基督教的伦理学理论来解释他心中的反感，但感觉这些理论都难以提供透彻的、有说服力的解释。于是，希尔将日常生活中的困惑上升到学理层面，他开始反思早前的环境伦理学的研究思路，提出环境伦理学研究应该转换思路，从致力于论证"为什么破坏环境的行为在道德上是错误的"转向论证"什么样品格的人/行为者具有破坏环境的倾向"。希尔对环境伦理学研究的问题转换最早提出了环境美德伦理学的研究方向。①

希尔之后，珍奥弗瑞·弗拉茨发表了《环境美德伦理学：环境伦理的一个新方向》（*Environmental Virtue Ethics: A New Direction for Environmental Ethics*, 1993），他将希尔提出的环境伦理学研究思路的转换上升为一个环境伦理学的研究方向，即从美德伦理的视角来研究环境伦理。② 他在论文《什么是我们应该关注的环境美德伦理学？》（*What is Environmental Virtue Ethics That We should Be

---

① Thomas Hill. Ideals of Human Excellence and Preserving Natural Environments [J]. *Environmental Ethics*, 1983,5: 211 - 224.

② Geoffrey Frasz. Environmental Virtue Ethics: A New Direction for Environmental Ethics [J]. *Environmental Ethics*, 1993,15(3): 259 - 274.

Mind of it?, 2001)一文中以美国内华达州"枪杀野马事件"后,公众发出了"什么样的人枪杀了野马"的质疑为引子,引出了环境美德概念。他提出,环境友好型生活(environmental good life)是指在一个包括人类在内的生态共同体中,所有物种都能实现其繁盛(flourishing)和卓越(excellence)的生活。而为了能够过上一种环境友好型的生活,人应当具有创造环境友好型生活的品格特征、行为习惯和基本素质,即环境美德。①

① Geoffrey Frasz. What is Environmental Virtue Ethics that we should be Mindful of It? [J]. Philosophy in the contemporary world, 2001,8(2): 5 - 14.

第一章　环境美德的理论缘起

本章分析早期的环境伦理学理论困境并提出研究环境美德的必要性，回答“环境美德何以必要”的问题。

第一节　环境伦理的理论困境

人与自然的关系是一个古老而永恒的主题，各个学科从不同角度对其进行过研究。在生态危机的大背景下，人与自然的关系也成为伦理学研究的主题。环境伦理学（Environmental Ethics）是 20 世纪 70 年代兴起的，是在人类面临严峻的生态危机的大背景下，从哲学和伦理学层面对人与自然的关系进行哲学反思和伦理审视的新兴学科。本书开篇讲述了托马斯·希尔从日常生活事件的思考中提出问题后，希望从已有的环境伦理学理论中寻找答案。但是，通过对已有各派理论的审视与分析，并没有得到满意的答案，究其原因，是早期环境伦理学的理论构建思路存在一定的局限。

一、以“自然”为逻辑起点

在很长的历史时期内，伦理学一直被视为是研究人与人之间道德关系的学问，人与自然之间不存在道德关系。这种观念在人类没有遭遇严峻的环境危机之前，似乎没有遭遇太大的质疑。但是，在面对日益严峻的全球性的生态危机时，认为道德只适用于人与人之间的传统观念受到质疑，许多思想家认为，人与自然之间也存在着道德关系，并致力于人与自然之间的道德关系的理论研究，从而为人应该道德地尊重和保护自然提供学理支撑，这便形成了早期的环境伦理学。早期环境伦理学的主要任务是打破伦理学只限于人与人之间的道德关系的传统观念，努力论证在人与自然之间存在道德关系并论证人对大自然具有道德义务。在具体论证过程中，早期环境伦理学各个理论流派依据不同的思想资源对人与自然之间道德关系的可能性和应然性进行论证，尽管其内部各派观点纷呈，相互争鸣，但在论证人对自然具有道德义务时论证思路却具有一定的相似性，即各个理论派别都是通过对自然进行"道德赋值"，提升自然的道德地位来论证人对自然负有道德义务。具体而言，各派论证人与自然之间具有道德关系且人对自然负有道德义务时，运用了四种论证思路。

（一）功利主义伦理学的论证思路

以彼得·辛格(Peter Singer)为代表的动物解放论以功利主义为哲学基础论证动物具有道德地位。功利主义伦理学首先认为快乐是一种内在的善，痛苦是一种内在的恶。凡是带来快乐的事物就是善的和道德的；凡是带来痛苦的事物就是恶的和不道德的。其次，是否具有感受痛苦和享受快乐的能力是给予一切存在物拥有道德地位和道德身份的评判标准。按照这个标准，动物具有感受快乐和痛苦的能力，因此动物也应该获得道德地位和道德身份，动物应该成为与人一样的道德关怀对象(moral patient)。辛格说："如果一个存在物能够感受苦乐，那么拒绝关心它的苦乐就没有道德上的合理性。不管一个存在物的本性如何，平等原则都要求我们把它的苦乐看得和其他存在物的苦乐同样(就目前所能够做到的初步对比而言)重要。如果一个存在物不能感受苦乐，那么它就没有什么需要我们加以考虑的了。这就是为什么感觉能力是关心其它生存物的利益的唯一可靠界限的原因。"①按照辛格的说法，能否感受快乐和痛苦是道德关怀的标准，以感觉痛苦和快乐的能力为标准，那么人和动物都具有这样的感觉能力，以此，辛格赋予动物以道

① 辛格 P. 所有动物都是平等的[J]. 姜娅，译. 哲学译丛，1994(5)：28.

德地位，动物成为道德共同体中的一员，动物具有道德地位为人类保护动物提供了道德理由和行动依据。在此伦理基础上，动物保护主义者在全世界范围内开展了轰轰烈烈的动物保护运动，对促进人们对动物的保护起到理论支持和实践指导的作用。

（二）非人类中心主义的论证思路

一般的非人类中心主义环境伦理学家大都认为自然物可以作为道德关怀的对象，但其论证思路与辛格的感知痛苦和快乐的能力又有不同，他们将理性能力和自我意识作为存在物是否具有道德关怀资格的标准。美国哲学家沃尔森（Richard Watson）提出存在物成为道德主体的六个条件：(1)自我意识；(2)理解关于权利和义务的道德原则的能力；(3)遵照或不遵照特定义务行动的自由；(4)理解特定的义务原则；(5)具备履行义务的身体条件（或潜能）；(6)依据特定义务原则采取行动的意愿。[①] 根据沃尔森的观点，存在物能否成为道德行为体（moral agent），主要看它是否具有自我意识和理性能力。具有自我意识和理性能力的存在物都应该成为道德行为体和道德关怀的对象。按照这个标准，人类具有自我意识和理性能力，人类自然是道德行为体，也是道德关怀的对象。不仅如此，传统观念还认为，人类因为具有自我意识和理性能力，是优于动物的存在物。但是按照沃尔森的观点，不能笼统地说所有人都具有道德地位，需要根据自我意识和理性能力标准来重新划分。比如，人类群体中的婴儿、智力障碍人士等显然不具有自我意识和理性能力，不能成为道德行为体，相应地也不对其进行道德要求和道德评价，正如通常我们不对婴儿进行道德评价，也不对智力障碍人士或者精神病人进行伦理问责一样，精神病人犯罪也不承担法律责任。相反，通过观察一些高级动物，如猩猩、海豚、大象、猿猴等，可以发现它们已经具有基本的自我意识和理性思维能力，也具有一定的道德判断能力，甚至表现出一定的道德行为能力，它们应该是道德关怀的对象，也应该是道德行为体。激进的非人类中心主义环境伦理学家通过对自然界中高级动物的自我意识和道德行为能力的肯定，从而赋予自然事物较高的道德地位，这也是人类应该道德地对待自然事物的伦理依据之一。

---

① Richard A Watson. Self-Consciousness and the Rights of Nonhuman Animals and Nature [J]. Environmental Ethics, 1979, 1(2): 99 - 129.

（三）权利主义伦理学的论证思路

天赋权利是西方政治哲学和伦理学的基本理念，西方环境伦理学家在论证自然界具有道德地位时也不可避免地援用权利概念，主张把天赋权利的概念从人扩展到自然界。根据天赋权利论，自然界的花草树木、岩石河流、飞禽走兽也有天赋权利。美国环境伦理学家罗德里克·弗雷泽·纳什（Roderick Fragier Nash）从西方自由主义思想传统论证自然物的天赋权利，明确主张大自然具有权利。法国环境伦理学家阿尔贝特·施韦泽（Albert Schweitzer）指出，一切生物都是平等的，都享有最基本的生存权，因此要敬畏生命。另一位与辛格齐名的环境伦理学家汤姆·雷根（Tom Regan）遵循自由主义权利思想的脉络，认为人类的进步就是权利主体不断拓展的过程。以美国为例，美国开展反种族歧视运动，呼吁使黑人获得基本权利；开展反性别歧视运动，呼吁使妇女获得基本权利；依此类推，下一个进程就是反对物种歧视，赋予自然界的物种享有天赋权利，这是环境伦理学动物权利论者的逻辑思路和基本主张。

（四）内在价值论的论证思路

在西方伦理学的论证逻辑中，存在物是否能够享有道德地位，是否享受道德关怀，是否处于道德共同体之中，除了感知痛苦和快乐的能力、自我意识和理性能力、天赋权利三种标准以外，还有一种最重要的判断标准是存在物是否具有内在价值（intrinsic value）。按照亚里士多德的观点，如果存在物因其自身之故而被当作目的，那么这个事物就是善或最高善，善或最高善即是事物的内在价值。如果存在物具有以其自身为目的的内在价值，则存在物就可以享受道德关怀，这是亚里士多德式的目的论所论证的内在价值。在后来的发展中，内在价值概念与现代生态科学相结合，就有了生态主义理论所主张的内在价值论。生态主义的内在价值论认为，自然是一个整体有机的大系统，在这个系统中，每个存在的物种都与其他的物种息息相关，每个物种的存在都对其他物种的存在和整个系统的生态平衡具有价值。在这种情况下，存在物的价值不是以是否满足人类的需要为标准，而是以生态系统的平衡、稳定、美丽为标准。按照这种价值标准，自然系统中存在着大量的没有被人类发现或利用的存在物，这些存在物具有不以人类的利益为目的的内在价值。在生态主义内在价值论看来，人类也只是大自然中的一个普通的物种，无论人类的科学技术如何发达，人类的智慧如何高级，对自然生态系统的平衡稳定来说，人类的基本价值仍是作为物种的生态价值。

借用西方哲学传统和现代生态科学的内在价值理论，早期环境伦理学家赋予自然存在物以道德地位，其根本理由是自然物具有内在价值。具体理由是：(1)自然物内在价值具有先在性。许多自然物在人类之前就已经存在，它们已经在地球上存在了数万年之后才进化出人类，自然物的存在及其价值先于人类。(2)自然物价值具有自在性。即便有许多自然物被人类当作自然资源利用它的工具价值，但是还有许多与人类生活无涉的自然存在物。美国环境伦理学家霍尔姆斯·罗尔斯顿(Holmes Rolston)看到荒野里的一片绽放的小花，他认为这些小花自在地开放和枯萎，不以人类的偏好为转移，这些小花的价值具有自在性，小花的内在价值不是由人类规定或赋予的，而是它作为存在物所固有的或者内在的。(3)自然物内在价值具有自为性。根据内在价值论的观点，自然事物存在的目的不是为了被人类所利用，也不是为了被人类所评价，它自身的存在与发展即是终极目的。罗尔斯顿说："苔藓在阿巴拉契亚山的南段长得极为繁茂，也因为似乎别人都不怎么关心它们。但它们就在那里，不顾哲学家与神学家的话，也不给人带来什么好处，只是自己繁茂地生长着。的确，整个自然的世界都是那样——森林和土壤、阳光和雨水、河流和山峰、循环的四季、野生花草和野生动物——所有这些从来就存在的自然事物，支撑着其它的一切。人类傲慢地认为'人是一切事物的尺度'，可这些自然事物是在人类之前就已经存在了。这个可贵的世界，这个人类能够评价的世界，不是没有价值的；正相反，是它产生了价值——在我们所想象到的事物中，没有什么比它更接近终极存在。"[①]美国大地伦理学家阿尔多·利奥波德(Aldo Leopold)在《大地伦理学》中阐述了自然物的价值。他说："当一个事物有助于保护生物共同体的和谐、稳定和美丽的时候，它就是正确的；当它走向反面时，就是错误的。"[②]内在价值论将评判存在物价值的标准定义为"生态系统的平衡、稳定和美丽"。当存在物有助于维护生态共同体的平衡时，它就是有价值的，反之就是负价值的。按照这个标准，自然存在物因其对生态系统的平衡稳定作用而具有内在价值，因而也应具有道

---

① 霍尔姆斯·罗尔斯顿.哲学走向荒野[M].刘耳，叶平，译.长春：吉林人民出版社，2000：9.

② Aldo Leopold. A Sand County Almanac with Essays on Conversation from Round River [M]. New York: Ballantine Books, copyright from Oxford University Press, 1949: 262.

德地位和应享受道德关怀，人类必须尊重自然事物的内在价值，不能随意掠夺和破坏自然事物。

综上所述，早期环境伦理学家为论证自然的道德地位设定了四项标准：(1)感受痛苦和快乐的能力；(2)自我意识和理性行为能力；(3)自然事物的天赋权利；(4)自然事物的内在价值。根据这四项标准，自然事物具有“感受痛苦和快乐的能力”、具有“自我意识和理性行为能力”、享有“天赋权利”以及具有不以人为目的的“内在价值”，因此人与自然之间具有伦理关系，自然事物具有道德地位，人类应当负有保护自然的道德义务。

以西方学者为主的早期环境伦理学家通过对西方哲学传统资源的运用，确立了环境伦理学研究的理论旨趣，提供了人类尊重自然、保护环境的多重道德理由，促进了动物保护和自然保护方面的道德实践，确立了环境伦理学作为一门学科的学术地位。但是，早期环境伦理学的理论建构也招致许多质疑和批评，譬如利奥波德从生态学理论推出大地伦理的原则被指跨越了从“是”到“应当”的逻辑鸿沟。生态整体主义被指有“生态法西斯主义”的倾向，内在价值理论被批评为直觉主义和神秘主义。早期环境伦理学不仅理论建构本身存在着许多不足，在解释现实问题、促进环境保护的道德实践中也存在着一定的理论困境。

分析早期环境伦理学的理论困境，主要原因是其在理论建构的方向上存在问题。具体说来，人与自然关系的研究至少可以有两个逻辑起点，即自然和人。传统的人际伦理学要么不承认自然的道德地位，要么认为人是自然的主宰，人是自然的目的，一切自然物的存在都是为人而存在，一切自然物的价值都以满足人的需要为目的。早期环境伦理学家在人与自然关系的研究中一边倒地以自然为理论建构逻辑起点，他们浓墨重彩、不遗余力地对自然进行各种理由的“道德赋值”，以期论证自然具有道德地位。打个形象的比喻，早期环境伦理学家的论证思路像是在“人—自然”之间压跷跷板，论证时着力把人的地位进行打压，对自然一端的道德地位进行抬升，以此实现“人—自然”跷跷板的平衡，来论证人必须敬畏、尊重和保护自然。由于抬升自然道德地位的迫切性，早期环境伦理学家在对自然进行“道德赋值”的同时忽略了“人”这一重要因素，环境伦理学成为仅仅关于自然的道德学问，环境伦理学理论出现“人学的空场”，成为“人未到场的环境伦理学”。这种“人学的空场”表现为人作为价值主体、实践主体和道德主体的空缺。

首先是人作为价值主体的缺失。内在价值论者赋予自然以内在价值，一味强调自然存在物先于人类存在的事实以及自然运行规律不依赖人的意志的自在性。生态中心主义环境伦理学理论则将以生态系统的平衡、稳定和美丽为标准的生态价值观代替了人作为价值主体的评价活动。这样的论证在一定程度上规避了人以自己的利益作为评价自然物价值的人类中心主义价值观，但这样的论证也存在着逻辑漏洞。首先，内在价值论把“存在”和“价值”的概念等同，用自然存在的属性代替了对自然的价值评判，将“存在”与“价值”混淆在一起。其次，内在价值论围绕着自然物的存在展开，表面上看起来，自然物存在的先在性、自在性和自为性是脱离了人的利益和主观价值而存在的，故而称作自然物的内在价值。实质上，价值不是一个抽象的原初的存在，价值是人们依据一定的标准进行评价活动的结果，在英文单词中，价值 value 既是名词也可以做动词，value 也是一种活动。在价值（估价、评价）的活动中必然无法缺少人的观念、意识和利益。价值是人道主义而非自然主义的，也就是说，离开人类作为评价主体，离开人类的意义系统，价值这个概念将没有任何意义。内在价值论的理论实际上是将自然物的存在属性说成是自然物的价值，将存在和价值混为一谈，用存在论代替价值论，并没有论证自然界脱离人的价值意义而存在着不以人的意志为转移的价值。无论是自然物的客观存在本身也好，还是自然物的存在规律即生态规律也好，都是一种事实判断，是存在固有的属性，而并非一种价值判断。刘福森指出：“这种观点显然是把价值论同存在论等同起来了。它所进行的‘价值观革命’，实质上是把价值概念的本来涵义去掉，把存在概念的涵义加到价值概念上。当进行了这样的‘变革’之后，自然界的‘内在价值’（实际上只是自然存在）就是先于人类而存在、不依赖于人类评价者、自然界本身固有的了。按照这种观点，世界上一切存在物都是有价值的，只有非存在（无）才是没有价值的。这显然是难以说得通的。”①孙道进认为只有人是唯一的价值主体，只有人具有价值评价能力，非人类中心主义环境伦理学家特别是内在价值论理论通过张扬自然的主体性和消解人的主体性来论证自然与人的价值的平等性是不合理的。因为自然本身并不会张扬其主体性，不会诉求其权利，自然的价值和主体性是环境伦理学家“认识”和“主张”的，这也恰恰说明了人的主体性。如果环境伦理学家消解了人的主体性而主张自然的内在价值，那么“人们不禁要问：谁认为人只不过是地球大家庭中的平等的一员，并不比其他存在物高贵？谁撰写了《动物权利》

---

① 刘福森. 自然中心主义生态伦理观的理论困境[J]. 中国社会科学，1997(3)：48.

和《动物解放论》？动物的‘权利’是谁认识到的，它又依靠什么来实现？谁能够挽救‘生存于黑暗之中’的‘所有的生命’？答案：人！人与自然的关系怎么协调？协调的标准又靠谁来制定？答案：还是人！人是世界惟一的主体，是理论——不管是科学的理论还是非科学的理论——的唯一实践者与执行者。非人类中心主义如果不想仅仅停留于理论层面，就必须依靠人类并化为人类的自觉行动，也就是说，还必须依靠人的主体性的发挥”①。

其次，人作为实践主体的缺失。由于担心陷入人类中心主义的泥沼，早期环境伦理学家为自然进行道德赋值的过程中，只是片面地呈现自然存在、自然价值、自然规律、自然权利等概念，对于人，除了大量地批判和指出人类中心主义的种种恶果之外，对人作为环境保护实践主体的地位是有意无意地避而不谈的。问题是，当前的许多自然环境危机与其说是“天灾”，不如说是“人祸”，也就是说破坏环境的主要因素是人，人的生存和不科学的发展导致了生态环境问题。自然界既在以生态灾害的形式“报复”人类，也在基于生态规律的作用下进行生态恢复。面对人类造成的环境危机，一方面自然界的生态恢复确实需要自然生态系统自在的、自为的生态修复过程，另一方面更需要人积极主动地改变生产生活方式，改变不可持续的发展思路，主动采取削减破坏生态系统并加强自然保护的行动。在这个层面上，人是真正的实践主体，环境伦理学的研究不同于生态科学家对自然规律的研究，环境伦理学家的研究需要更多地关注人的实践如何能够保护环境、促进生态环境恢复，在此，人就是实践的主体。

再次，人作为道德主体的缺失。早期环境伦理学理论构建中也提到人，但是其谈及人的语汇通常都是以普遍的全称代词“人类”出现，对于国家的、民族的、地域的、个体的人未有细致的研究。并且，在人与自然的关系中，人的形象通常是无知、自大、狂妄、贪婪、短视、急功近利等负面的形象。人作为德性主体面对自然时所具有的内在的道德品质、道德修养、个体美德等通通失语。早期环境伦理学理论的字里行间可以阅读出的隐含逻辑是一方面有意无意地抬升自然的道德地位，另一方面极尽能事地贬损人的道德形象，这样就形成了一个“道德的自然”和“不道德的人”的论证逻辑。尽管对自然的重视和对人类以往行为的反思和批评是必要的，但如果以“道德的自然”和“不道德的人”来进行环境伦理学的建构，不仅在理论基调

① 孙道进. 环境伦理学的价值论困境及其症结[J]. 科学技术与辩证法，2007，24(1)：20.

上是不准确的，而且在理论的发展方面是毫无希望的。回到开篇的日常生活中的案例，以这样的环境伦理学思路也许可以对盗猎者、伐木者等人类中贪婪无厌、破坏自然的人提出批评，但不能给出像徐秀娟、索南达杰、亨利·大卫·梭罗(Henry David Thorean)、瑞切尔·卡逊(Rachel Carson)等一些在人与自然关系方面表现出独特的精神风貌和道德品质的人合理的解释，也无法激发和号召更广大范围的公众自发地、积极地从事环境保护活动。有希望的环境伦理学仍然需要致力于人关爱自然的道德潜能的激发。

二、以“规范”为理论目标

早期环境伦理学以自然为起点，遵循“道德的自然”和“不道德的人”的逻辑，为自然进行道德赋值，抬升自然地位而贬抑人的道德主体性来论证人对自然的道德义务，其论证的结果必然是要对“人”进行规制和约束。由于早期环境伦理学家对“人”的指称通常是全称的、泛泛的、抽象的人或人类，又受到近代以来理性主义思潮和规范伦理学的潜在影响，早期环境伦理学家的理论目标就是希冀在人与自然之间建立各种各样的伦理规范，通过这些伦理规范来规制人的行为，从而达到保护自然的目的。早期环境伦理学家的理论建构无论从理论基础上，还是从成果形态上，都具有显著的规范伦理学的特征。

从理论基础上看，早期环境伦理学的理论建构基础是规范伦理学。功利主义伦理学和义务论伦理学是规范伦理学(狭义)的两大流派。功利主义伦理学的基本逻辑是以行为者的行为所产生的后果——痛苦和快乐作为伦理判断的依据，故而功利主义伦理学又可称为后果论。行为者的行为所带来的快乐/幸福的后果大于其所忍受的痛苦，则这个行为是道德的，反之则不然。辛格就是以杰罗米·边沁(Jeremy Bentham)和约翰·斯图亚特·穆勒(John Stuart Mill)的功利主义伦理学为理论基础进行动物解放的理论论证的。辛格的理论又与传统的功利主义伦理学有所不同，他对感知快乐和痛苦的主体进行拓展，将动物也纳入到道德共同体中，他肯定了动物感知痛苦和快乐的能力并赋予其道德地位，以此建立了动物保护方面的规范环境伦理学。

作为规范伦理学的另一支，以康德(Immanuel Kant)为代表的义务论伦理学(道义论)强调行为者的动机在道德上的纯粹性，行为是否符合道德的评价标准是基于对自己的道德义务而不是基于对行为后果的权衡，是基于道德律令的要求而非后果的功利性，故又称为非后果论。罗尔斯顿对自然具有内在价值的论证以及人类对大自然道德义务的确认，其理论基础就是规范伦理学的义务论伦理学理论。根据一切具有内在价值的事物应受到尊重的道德律令，罗尔斯顿主张自然存在物有其先在的、自在的和自为的内在价值，人类理应遵循尊重自然价值，负有敬畏和尊重自然的道德义务，而不论自然对人本身是否有利用价值。在罗尔斯顿那里，自然因其具有内在价值而应受到人类的尊重是一条"绝对命令"，无需考虑自然对人类的任何功利性作用。无论是辛格的动物保护理论，还是罗尔斯顿的内在价值论，其理论根基都是近代以来的规范伦理学。

从成果形态上看，早期环境伦理学的理论构建工作主要体现为给人类制定保护自然的具体道德规范，大多数环境伦理学家的理论研究最终是以制定出若干人类需要遵守的环境道德规范而完成。例如，保罗·泰勒(Paul W. Taylor)提出"尊重自然"的环境伦理基本原则规范有四条：不伤害原则、不干涉原则、忠贞原则和补偿正义原则。阿恩·奈斯(Arne Naess)为主导的深层生态学理论由最高规范和基本原则组成。深层生态学两个最高规范是"自我实现"(self-realization)和"生物中心主义的平等"(biocentric equality)。八条原则是："(1)地球上人类与其他形式生命的繁荣有其内在的价值。非人类的其他形式生命的价值独立于它们可能有的狭义的供人类之有用性。(2)丰富的生命形式的多样性本身有价值，它使地球上人类与非人类的生命更为繁荣。(3)人类无权减少这种丰富的多样性，除非为了满足重大需要。(4)目前人类对非人类世界的干涉过多，情况正在迅速恶化。(5)繁荣人类生命和文化要与人口的持续降低相匹配，为繁荣非人类生命，这种降低是必要的。(6)政策要跟上显著的生活条件的改善。这又影响到基本的经济、技术和意识形态结构。(7)意识形态的变化主要在于注重生活质量(相对于内在价值情况)而非高标准的生活方式。要明确大与伟大之间的区别。(8)同意上述观点的人有直接或间接的义务加入到完成这一转变的任务行列中来。"①其他环境伦理学家也不遗余力地通过理论建构制定出适用于人与自然关系的环境伦理规范，并且几乎是将制定新的环境伦理规范作为其理论目标和理论成果，似乎是新的环境伦理规范的出台就意味着新理论的生成。

---

① 戴斯·贾丁斯. 环境伦理学：环境哲学导论[M]. 林官明，杨爱民，译. 北京：北京大学出版社，2002：242.

早期环境伦理学家勇于摆脱传统人际伦理的桎梏，在人与自然的关系之间进行伦理规范的建构并寻求西方传统伦理思想资源的支持，其理论勇气可嘉。但是规范伦理学理论自身所具有的一些困境或先天不足也不可避免地被带入了早期环境伦理学的理论建构中，成为早期环境伦理学的“遗传缺陷”。具体表现有：

（一）环境伦理规范的生成困境。“休谟问题”是西方思想史上的重要问题，休谟(David Hume)认为，从逻辑上来说，人们从客观事实陈述的“是”，无法推导出作为伦理规范的“应当”。事实层面的“是”与价值层面的“应当”之间，存在着无法跨越的“逻辑鸿沟”。事实与价值的二分及其之间的逻辑鸿沟也成为了早期环境伦理学的理论不足。如生态学的研究规律表明，人只是自然界中的一个物种，人类的存在也需要遵循整个生态系统的规律。生态学的“事实”被早期环境伦理学家赋予了伦理学的“价值”，就生成了从生态学事实到生态价值的一套论证理论。利奥波德认为，从生态学的事实看，人类只是生态系统(大地)的一员，生态系统的平衡、稳定和美丽需要遵守生态学的规律。基于这样的生态事实和生态规律，人类就必须尊重生态系统中所有事物的内在价值和生态价值，人类就不得拥有大地，不得凌驾于自然之上，人类必须意识到自己对生态系统应负的道德责任。生态中心主义的环境伦理学正是从生态学规律的“事实”，推导出环境伦理学的“应当”，并且将各种“应当”明确规定为环境伦理的道德规范。在批评者看来，生态学研究的是规律和事实，而伦理学讨论的是价值，从生态学规律的“是”无法跨越逻辑鸿沟推导出伦理学的“应当”来，早期环境伦理学已然陷入到“是”与“应当”的休谟困境中。

（二）环境伦理规范的协调问题。在“是”与“应当”的二分中，不仅存在着无法从“是”推导出“应当”的问题，而且存在着“是”与“应当”之间关系的多向生成问题。因为即便是同一个事实，也可能由于不同的价值前提而产生不同的甚至是完全相反的道德“应当”。譬如，对于传统的人与动物相比较的问题而言，从客观事实层面讲，人因为具有理性、自我意识和巨大的创造力而明显“优于”动物。基于这样一个“事实”，不同的伦理学家在推出“应当”的时候会得出不同的结论。人类中心主义以此“事实”为依据，推出的“应当”是：因为人优越于动物，所以人要管理一切的动物和自然界，并且自然界的万事万物都是为了人而存在的，人利用自然、管理动物是天经地义的，是道德上的“应当”。而与之相反，同样从“人有理性优越于动物”这一事实出发，非人类中心主义提出的“应当”是：人具有高于动物的生态智慧，应当认识和意识到人与自然的休戚相关性，人类应该发挥其对整个生态系统和自然界的掌控能力，同时发扬人类超越动物本能而具有的利他主义伦理精神来遵循生态规律，保护动物以及生态系统的平衡。由是观之，同样一个"事实"，既可以推导出人类中心主义主张的人征服自然、管理自然的伦理规范，也可以推导出非人类中心主义人应当尊重自然、保护自然的伦理规范。薛富兴指出："古典和近代有强烈人类中心主义倾向的理性主义哲学家们所强调的人猿之别仍然在原则上有效。只不过，这一事实在前人那里，成为宣布人类对自然惟一特权的证据，成为论证人类对自然强权的材料；现在，这一事实则成为突出人类对整体自然环境及其所有非人类成员生存和发展权首要伦理责任的根据。人类应当意识到在地球各类生物中，人类对自然资源的利用与环境破坏最大，应当对自然承担最大的保护责任。在人与自然的伦理关系中，人类应当奉行'大能者有大责'的信条。人类对大多数微观自然对象所具有的强力，不应当成为他主张自己对大自然无限权利的根据，而当成为促使他自觉承担改善和保护全球生态共同体第一责任者的根据。"[①]尤金·哈格洛夫(Eugene Hargrove)也认为："原则的筛选之所以复杂，是因为相互冲突的原则常常对一个新的伦理行为的主要特征具有同等的解释力。例如，就动物解放而言，大多数西方人认为，给动物施加不必要的痛苦在道德上是错误的。这既可以解释为对动物拥有权利(特别是免受不必要的痛苦的生存权)的一种最低限度的承认，也可以解释为对人类把痛苦施加给动物的权利的一种限制(而无需把权利赋予动物)。尽管这两种观点相互冲突，但它们在大多数情况下却产生相同的行为。只有在我们的道德直觉还不是很清晰的那些棘手或特别的情形中，关于权利的这两种观点才会把我们引向不同的方向。当我们要逐渐地发展环境伦理学的原则时，如何从这两个相互冲突的权利原则中选出正确的原则，这将是我们不得不面对的困难问题之一。"[②]由此看来，如何从"事实"推导出"应当"本来就存在着逻辑鸿沟，如何从同一事实推导出能够相互协调的环境伦理规范来，更是具有相当的理论难度。

(三) 环境伦理规范的效力问题。通常来讲，破坏环境行为的后果具有滞后性和间接性的特点。滞后性是指环境破坏的行为后果并不一定马上显现，有可能要经过很长的时间问题才能暴露出来。如对野生动物的滥捕滥杀，其对生态系统的影响可能需要假以数十年的时间才能显现。间接性是指环境破坏的后果不一定由

① 薛富兴. 铸造新德性：环境美德伦理学刍议[J]. 社会科学，2010(5)：117.
② 尤金·哈格洛夫. 环境伦理学基础[M]. 杨通进，等，译. 重庆：重庆出版社，2007：5.

环境破坏者本身承担，有可能是由许多地域许多人群共同承担。例如一些国家的二氧化碳排放，一些企业向大气中排放生产废气，其结果是随着空气的扩散，不仅仅排放者自身，而且周边地区、周边国家乃至全球都受到影响。从后果论的角度看，环境行为影响的滞后性和间接性增加了人们对自己行为后果的认识难度，也混淆了对环境问题的责任分配和担当主体，环境伦理规范的效力被时间的迟滞性、空间的混合性消解或减弱。环境伦理规范如果不能具有显著的道德制约力或者转化为法律的制约，在实践层面存在着被虚化或者悬置的困境。

（四）规范和行动之间的逻辑距离。环境伦理规范的基础在于确认动物、植物和生态系统等具有天赋权利或内在价值，应当具有道德地位，享受道德关怀。“不过，即使以价值确认而言，它固然通过肯定什么是善而为行为的规范提供了根据，但懂得什么是善并不意味着作出行善的承诺：在知其善与行其善之间，存在着某种逻辑的距离。”①这个逻辑距离就需要道德主体从规范到行动的跨越。在“知其善”向“行其善”的转变中，道德主体的自觉性、能动性非常重要。但是“规范作为普遍的当然之则，总是具有超越并外在于个体的一面，它固然神圣而崇高，但在外在的形态下，却未必能为个体所自觉接受，并化为个体的具体行为。同时，规范作为普遍的律令，对个体来说往往具有他律的特点，仅仅以规范来约束个体，也使行为难以完全避免他律性”②。一般层面的规范与行动尚存在着逻辑距离，遑论作为新的针对人与自然关系的环境伦理规范。对于环境伦理规范来说，一是人们对于规范是否认可；二是即便认可，从对规范的认知到行动的实施之间还存在着巨大的未知。罗纳德·赛德勒(Ronald Sandler)说：“公众讨论环境问题时几乎绝对依赖于法律框架和法律术语，所以倾向于评论人们对于环境的行为是否合法。我们也许禁止了越野车在生态敏感地区行驶，或者采取法律措施制裁那些超越边界的人，但是我们不会从法律上反对那些消极混沌的和对环境漠不关心的人，不会制裁那些对环境采取负面态度的人。……我们不应该在如此狭隘的视域中理解人和自然的关系。是人，具有品格、态度和行为倾向的人在实施行为，促进政策的实施和法律的制定。”③

① 杨国荣. 道德系统中的德性[J]. 中国社会科学，2000(3)：89.
② 杨国荣. 道德系统中的德性[J]. 中国社会科学，2000(3)：89.
③ Ronald Sandler，Philip Cafaro. *Environmental virtue ethics* [M]. Lanham，MD：Rowman and Littlefield Publishers，2005：3.

（五）规范的普遍性与主体的差异性问题。规范伦理的目标要寻求对所有主体普遍适用的规范，现实生活中的道德主体往往生活在具体的地域环境和社会文化环境中，由于国家、地区、民族、文化、生存环境、社会身份等差异，导致他们的环境认同、环境想象和环境利益诉求不完全相同，甚至在环境问题上存在着尖锐的矛盾。规范伦理向度的理论建构为追求其理论的普适性，往往用全称代词“人类”、“我们”等作为规范使用的主体，实际上造成主体的虚无。正如环境正义理论所指出的，在环境问题上的行为主体是有差异的主体，有差异的主体又对环境问题存在不一样的想象，一个亚马逊河流域的伐木工人和一个美国的白领中产阶级对环境伦理规范的理解是不同的。因此，环境伦理学家提出的那些针对全称代词“人类”的环境伦理规范就无法应对这种不一样的主体。从现实层面看，亚马逊河流域的伐木工人和美国的白领中产阶级在实践中可能遵循着完全不同的规范。“生态伦理学面临的另一困境是，人类中心主义和非人类中心主义都继承了现代性的规范伦理模式，试图为不同的价值主体对待自然环境提供一种共同的价值态度和行为规范。然而，环境正义论对此批判指出：现代根本不存在共同的人类利益，有差异的主体和不同利益集团的对立冲突，几乎不可能达成普遍的伦理共识。如果用一种普遍的生态伦理规范去限制有差异的利益主体，只能导致不正义。所以，规范性的生态伦理只能是人们的一种美好愿望。”①

从早期环境伦理学理论构建的逻辑向度和主体成果来看，规范伦理向度的理论构建几乎是早期西方环境伦理学的不二选择。环境伦理学在规范伦理向度的构建开创了在人与自然之间构建伦理关系、制定伦理规范的先河，对工业文明以来人对自然环境的破坏起到警醒作用。但是，从上述五个方面的困境可以看出，早期环境伦理学理论“遗传”了规范伦理学的基因，其在环境伦理学的构建中步步陷入困境，最致命的弱点在于对“人”的忽视，在于“只见规范不见人”的狭隘视域。虽然早期环境伦理学以“自然”为逻辑起点和以“规范”为理论目标的理论构建在开创环境伦理学科，设定人与自然关系的道德规范方面是具有创新意义的，但是，环境保护的价值主体、实践主体和德性主体都是人，其对人和人之面向自然的美德理论研究是缺失的。故而，在日常生活世界的环保实践问题提出后，环境伦理学的研究需要

---

① 曹孟勤. 在成就自己的美德中成就自然万物——中国传统儒家成己成物观对生态伦理研究的启示[J]. 自然辩证法研究，2009，25(7)：112.

超越“自然”逻辑起点和规范伦理学的研究范式，从“人”的角度，从美德伦理学角度出发，再次思考环境伦理问题，“人”的逻辑起点和美德伦理视角成为环境伦理学研究的新方向。

第二节 美德伦理的自然观照

一、环境美德的理论归属

提出环境美德研究视角以后，首先要对它在环境伦理学研究乃至整个伦理学的理论体系中的定位有个分析，即环境美德的研究应当归于何类道德哲学。

从伦理学的学科分类角度看，规范伦理学、美德伦理学、元伦理学、应用伦理学、描述伦理学、理性主义伦理学、后果主义伦理学和非后果主义伦理学、功利主义伦理学和义务论伦理学等等，都是西方伦理学界根据不同的划分标准对伦理学理论进行划分形成的流派概念，其划分所依据的标准不同，所产生的类型概念也不同。目前，国内伦理学界对西方伦理学类型划分普遍使用的是20世纪以来西方伦理学的三大流派：元伦理学、规范伦理学（包括广义和狭义）、应用伦理学。

元伦理学针对历史上不同时代、不同社会、不同流派甚至同一时代不同人们对道德持有不同见解的纷杂现象，认为道德纷争的原因不在于观点的差异，而在于道德语言和逻辑方面的混乱。元伦理学家认为只有对我们所使用的道德语言进行研究分析，对我们所使用的道德概念加以语法和词义上的澄清，才能避免道德语言使用中的“自然主义谬误”。元伦理学家以逻辑分析法对道德现象进行研究，消除道德语言本身的歧义，确立道德判断和推理的根据和标准，形成了元伦理学研究。

“规范伦理学是研究人们正确的道德行为规范，或行为的应然性（ought）的理性反思活动。它试图回答究竟什么东西使得一个行为或规则成为道德的行为或规则，它努力发现在各种道德行为和规则背后的根本的或者最高的道德原则，它企图找出隐含在各种行为背后的共同的道德属性。总之，规范伦理学试图从理论上回答我们道德上究竟应当怎样生活的问题。这种活动的结果就产生了各种各样的规范伦理学理论。”①

应用伦理学是针对现实生活中日益出现的关于战争、环境、医疗、生命等社会和技术发展带来的伦理问题而展开现实关怀和伦理实践研究的思路，在 20 世纪下半叶得到了迅猛发展。有的学者将环境伦理学视为在环境问题上应用伦理学的发展，主要研究在环境公共政策制定、环境法律形成和环境保护运动中的具体伦理问题。

对西方伦理学三大类型的划分有基本认识后，在这里需要继续澄清说明与本文有关的伦理学类型，即本文所说的规范伦理学和美德伦理学的问题。在大的伦理学类型划分中，有元伦理学（meta-ethics）、规范伦理学（normative ethics）和应用伦理学（applied ethics）。但是，规范伦理学的概念有广义的规范伦理学和狭义的规范伦理学之分。广义的规范伦理学即上述与元伦理学、应用伦理学相对应的类型，广义的规范伦理学包括狭义的规范伦理学和美德伦理学两个部分，这两者之间又有一定的区别，这种狭义规范伦理学与美德伦理学的区别构成本书的理论基础。狭义规范伦理学的基本问题是回答：一个行为为什么是道德的？什么使一个行为在道德上是正确的？什么使一个行为在道德上是错误的？人的行为应该遵循哪些规则？狭义规范伦理学是以行为为中心（act-centered）的伦理学，近代以来的功利主义伦理学和义务论伦理学被视为具有代表性的狭义规范伦理学类型。

美德伦理学（virtue ethics）是指自亚里士多德以来的伦理学传统，其核心问题是回答：我应该成为一个什么样的人？其问题不是指向行为，而是指向人的态度，指向人作为或不为一种行为的内在意向（dispositions），是对人的内在道德品格进行研究的伦理理论。与狭义规范伦理学以行为为中心相比，美德伦理学是以行为者为研究中心（actor-centered）的。除了从研究的基本问题上对规范伦理学与美德伦理学进行基本区分外，学界对美德伦理学的判定标准也可供参考：“(1)将与品格或德性有关的概念（aretaic notions，比如可嘉[admirable]、卓越[excellence]、勇敢、慷慨等）看作比与义务相关的概念（deontic notions，比如应该、正当、道德上错误等）看作更为根本的伦理要素；(2)在道德评判的过程中，首先关注行动主体及其动机、品格，而不是行动本身。”②美德伦理学家罗莎琳德·赫斯特豪斯（Rosalind

① 陈真.当代西方规范伦理学[M].南京：南京师范大学出版社，2006：6—7.
② 刘玮.亚里士多德与当代德性伦理学[J].哲学研究，2008(12)：98.

Hursthouse)将美德伦理学的特征概括为："第一，美德伦理学是以人为中心，而不是以人的行为为中心的伦理学；第二，它关心的主要是人的内心品德的养成，而不只是人外在行为的规则；第三，它的核心问题是'人应该成为何种人'，而不是'人应该做什么'；第四，它所采用的基本概念是具有美德特征的概念，如善、好、福祉等，而不是义务的概念，如责任、正当、应该等；第五，美德伦理学拒斥将伦理学看作为提供特殊之行为指导规则或原则的教条汇编。"①在对美德伦理学的理论特点进行了解后，方可对从美德伦理学视角展开的环境美德有恰当理解。

二、美德伦理的当代复兴

美德伦理的当代复兴是当代西方伦理学史上的重要事件，也是环境美德研究的直接理论背景之一。通过对美德伦理学复兴的勾勒，可以看出环境美德是美德伦理学当代复兴的新亮点。

亚里士多德是古代美德伦理学的代表人物，在《尼各马可伦理学》一书中，以研究"善"为题引出德性的讨论，他认为所有事物包括人的每种选择与实践都以善为目的，灵魂的善是最恰当意义上的、最真实的善，幸福是最高的善，幸福是一种灵魂合于完满德性(arete)的实现活动。德性是一种品质，是使事物达到好的状态的一种品质，如马的德性就是跑得快，眼睛的德性就是锐利，人的德性就是使人处于良好的状态并出色地实现他的活动的品质。在后来的发展中，德性概念逐渐伦理化，德性逐渐演变为英文中的美德(virtue)。亚里士多德认为"中道"是美德，他将智慧、公正、节制、勇敢作为四种基本的美德。中国传统伦理学也具有美德伦理学的理论特征，即以研究人的品格为对象，关注和探讨应当做什么样的人的问题。譬如儒家思想就探讨了仁、义、礼、智、信、温、良、恭、俭、让等美德。

以亚里士多德为代表的伦理学在中世纪的基督教伦理学中得到承继和发展，同时也开始了美德伦理向规范伦理的转向。规范伦理学以人的行为为研究对象，重在回答"这个行为为什么是正当的"。规范伦理学的研究思路是从社会道德现象的背后抽象出一系列道德规则，再通过对这些规则的检视和论证为人的行为提供道德指引和道德规范。从美德伦理向规范伦理转向的原因，万俊人教授分析认为

① Rosalind Hursthouse. On Virtue Ethics [M]. Oxford: Oxford University Press, 1999: 17.

与西方社会的近代化或现代化转向有关。这种转向在经济、政治、社会文化层面都发生了相当大的转变。经济形态从传统的自然农业经济转向现代技术工业经济，政治结构从封建神学政治转向自由民主政治，文化从封建神学文化转向自由开放的世俗文化。在学术活动层面，规范伦理学的兴起与近代伦理学家休谟、康德、边沁、穆勒等的伦理学理论转向有很大关系，形成了功利主义和义务论两大伦理流派。可以说，狭义的规范伦理学在一定意义上适应了时代的需要，也产生了相应的理论成果，但它也存在着前面所剖析的种种困境。当传统社会向现代社会转型，现代社会又呈现出其负面的特点而被后现代主义所批评和超越的时候，伦理学的理论形态也必然会发生变化。除了对现代哲学的理性主义、宏大叙事等现代性的批判外，重新回归伦理学原初的命题，思考“什么是好的生活”，“人应该具有什么样的德性来面对(现代)生活”也成为思考的主题。因此，从形式上看，伦理学呈现了回归传统的趋势，而实质上是伦理学对现代性问题的回应和反思的螺旋式上升。

1958年，伊莉莎白·安斯库姆(Elizabeth Anscombe)发表《现代道德哲学》，吹响了当代美德伦理学复兴的号角。在《现代道德哲学》中，安斯库姆对许多当代伦理学家和现代道德哲学进行了猛烈批判并提出美德伦理学主张。安斯库姆提出她关于现代道德哲学批判的三个观点：“第一个是，从事道德哲学在目前来看对我们而言是不合算的；除非我们拥有一种令人满意的心理哲学——而这正是我们明显欠缺的东西——这一工作无论如何应当被放在一边。第二个是，如果在心理上可能的话，义务与责任——亦即道德义务与道德责任——以及道德上的对错之事、对‘应当’的道德意识的概念应当被抛弃；因为它们是一些残留之物，或残留之物的派生物，派生于一种先前的、不再普遍留存于世的伦理观念，而没有了这种观念，虽然它们都是有害无益的。我的第三个论点是，自西季威克以降，一直到当前，道德哲学方面有些名气的英语著作家们之间的区别是微不足道的。”①安斯库姆的三个观点主要意思是，现代道德哲学是基督教哲学的残留物。现代道德哲学所使用的术语和形式，包括应该、责任、义务、正确、错误等，都是在基督教伦理的框架下形成的，而当启蒙运动废除了上帝的观念后，这种伦理形式却没有从道德哲学中清算出

---

① 伊丽莎白·安斯库姆. 现代道德哲学[M]//徐向东. 美德伦理与道德要求. 南京：江苏人民出版社，2008：53.

去，它的残留物和残留物的派生物构成了现代道德哲学的范式。这种道德哲学形式，包括道德哲学的范畴和语言，在亚里士多德那里都是没有的。相反，在亚里士多德的美德伦理学那里对人的幸福、伦理的善和生活的好的关注，现代道德哲学却没有承继也无法回答。在批判现代道德哲学的同时，安斯库姆提出道德要回归亚里士多德以来的美德伦理传统，回归到对道德的善、好的生活等人生根本问题的思考。而且，要将道德哲学的思考与道德心理学的研究结合起来，注重心理对道德的作用，开启道德哲学的心理学研究方向。在安斯库姆之后，菲丽帕·福特(Philippa Foot)、伯纳德·威廉斯(Bernard Williams)、米歇尔·斯洛特(Michael Slote)、罗莎琳德·赫斯特豪斯、朱丽叶·安纳斯(Julia Annas)等在此领域的深耕掀起了一场有声有色的美德伦理学复兴运动。

1981年，麦金太尔(Alasdair Maclntyre)出版《追寻美德》一书。麦金太尔对以规范制定为宗旨的规范伦理道德哲学进行批判。规范伦理学在西方伦理学当代的代表是罗尔斯(John Rawls)。他对20世纪初盛行的元伦理学研究非常不满，对元伦理学远离社会现实，将道德哲学发展成为一种纯粹的词语分析现象而不能给现实生活的人以实践指导的现象进行批判。在他的经典著作《正义论》中，罗尔斯预先假设了两个正义的基本规则，以此开始了其规范伦理学的论证和推演。罗尔斯的《正义论》是对现代道德哲学规范主义思路的极致发挥，但在麦金太尔看来，“以罗尔斯为代表的新自由主义伦理学虽然扭转了第二次世界大战以来元分析伦理学只注重道德语言分析和逻辑论证的非实践性理论倾向，但依然未能使伦理学回归到它应有的位置上来，过于强烈的规范化或规则化的合理性追求，使伦理学演变成了一种纯粹的规范伦理。事实上，规范伦理不仅要有其合理性的理论基础，也必须有其主体人格的德性基础”①。相对于罗尔斯的规则生成和规则推演的论证，麦金太尔一针见血地指出，正义首先是一种德性，而不是规则。正义的规则运用需要有正义品质的人。正义的规则无论设计论证得多么完善，如果运用规则的人不具有良好的道德品质的话，也不可能对人的行为进行规范，只有拥有良好德性的人，才可能了解怎样运用并遵守规则。伦理学不是一门纯粹研究制定规则或标准的学问，相反，它首先要告诉人们如何认识自己，如何过好的生活，如何达到自身的善并为实现自身的善而努力修养，培养内在的自我的品格和美德。在对规范伦理的批

① 万俊人.“德性伦理”与“规范伦理”的之间和之外[J].神州学人，1995(12)：32.

判中，麦金太尔认为启蒙以来的道德谋划都失败了，失败的原因在于其拒斥了西方自亚里士多德以来的美德伦理传统。麦金太尔说："假如那些宣称能够制定出理性的道德主体都应该认同之原理的人，都不能保证那些与他们共有着基本的哲学目标与方法的同仁们对这些原理的制定取得一致意见，那就再一次有力地证明了他们的筹划已经失败，甚至都不用等我们去考察其具体的争论与结论。他们之间的相互批评乃是其各自建构工作归于失败的明证。"[1]在对规范伦理学批评的基础上，麦金太尔主张伦理学研究必须在历史主义方法和共同体的美德伦理中恢复自亚里士多德以来的美德伦理学传统，历史主义和共同体主义是麦金太尔美德伦理思想的两大特征。

美德伦理学的复兴形式上看起来是伦理学类型在知识谱系上的流变，实质上是现代社会生活变化在人们伦理观念上的反映。西方社会在近代化和现代化的过程中，人类文明从农业文明走向工业文明，现代化的生产方式需要一种大生产、大交换、大结构和不断拓展的公共生活空间，道德的类型便从传统农业的、家庭型的德性伦理向规范伦理转变。与西方社会现代化以来的市场经济、民主政治、法律至上的现代社会特征相适应，传统的德性伦理逐渐转化为依傍法律，强调规则，寻求普遍合理性的规范伦理。边沁、康德、休谟等人正是这种社会生活基础要求的伦理代言者。但是，现代社会的道德实践一方面表现出规范性、普适性，另一方面反映出规则很难独自担当现代社会的伦理诉求。罗尔斯在《正义论》中对规则的制定和正义的规则研究颇深，但麦金太尔指出，正义的规则需要具有正义的品格的人，否则规则很难付诸实效。反映到现代社会生活的现实中，就是自由化和规范化的生活使现代人的权利和自由得到发挥，但是同时也带给现代人生活无根的、没有情感的、没有高尚的心灵慰藉的内容，规则的内容始终是冰冷的而排除生活的具体性、特殊性的，规则的制定无法实现对人性关怀的深入。在这方面，美德伦理学有其特殊的长处，有学者将美德伦理学称之为希望的伦理学，美德伦理学将伦理学的使命理解为如何过好的生活，如何达致幸福。"幸福"、"好的生活"都是与人的精神世界密切相关的内容，它深度契合了原子化、制度化、规则化的现代生活的空缺，美德伦理的复兴是有其现实的社会生活基础的。

美德伦理学的复兴不仅仅是伦理学知识谱系的理论流变，其复兴背后的社会

---

① 麦金太尔. 追寻美德：道德理论研究[M]. 宋继杰，译. 南京：译林出版社，2003：26.

生活现实也是环境美德研究必要性的最好诠释。“时空压缩”是当前中国社会最显著的特点，从封闭的农业文明的生活样态到与国际发达水平和生活模式相一致的现代、后现代社会生活样态，一并共同呈现于中国人的日常生活世界。在中国人的日常生活中，既有传统的家庭、家族、乡土、社区、单位的生活，也有大力发展的大结构、大交换、大扩展的公共空间生活。由于发展的迅速，导致社会生活形态变化迅速，兼之中国地域广阔，地区发展不平衡，一个人的生活世界很可能在传统、现代和后现代三个时段的不同生活样态中切换，要在适应这三个不同时段的生活样态的道德观念间切换和调适。家庭的、单位的生活空间中更多地需要美德伦理，需要的是熟人社会对德性的要求；公共生活空间中则更多地体现出对规则的要求，对规则伦理的需要。“时空压缩”的生活形态压缩也导致了道德哲学的“压缩”。在现代化的过程中，与市场经济、民主政治和法制建设相应的伦理观念在与传统的人际伦理竞争的过程中初步形成了一定的基础，但随之而来的工业化、现代化以及规则伦理建设中的弊病已经显示出来。公众在感受冷漠、抑郁、焦虑，物质丰裕而精神空虚，不愁吃穿却不得不生活在日益恶化的环境中后开始思考美德伦理的核心议题："什么是好的生活”，“如何达到幸福”。幸福话题当下的讨论就是中国美德伦理复兴的社会生活前兆。近至 30 年、60 年、90 年甚至从 1840 年以来，中国社会的发展变化是惊人的、快速的，伴随着日常社会生活的速变，伦理的类型和议题也在迅速变换，与前现代、现代、后现代“时空压缩”的社会模式相适应，与现代社会相适应的规则意识和公共道德尚未健全之时，形式上“复古”实质却反映对现代生活反思的议题“幸福感”、“好的生活”等美德伦理的核心概念已经不期而至。与西方社会规范伦理和美德伦理似乎是此消彼长、交替流行的转换形式不同，在“时空压缩”的中国，人们既需要发展与现代生活相适应的规范伦理，公众又迫切呼唤能够带给人身心健康、物质精神双重幸福的伦理指引。从表象上看，国内学界热切讨论的美德伦理的复兴似乎是在追踪西方美德伦理复兴的思潮，实质上这种引进也是一种选择，是切中当下中国人精神生活需要的理论选择。万俊人先生也指出：“美德伦理似乎正在或者已然成为国内伦理学界讨论的热门课题。形成这种状况的直接原因看似来自国内学人对西方当代美德伦理的关注，但实际上更真实而自然的原因是中国当代道德生活世界的急剧变化和我们自身文化精神的内在急需：一个仍然处在社会结构加速转型过程中的现代化社会及其道德伦理生活，正经历着前所未有的社会文化价值和精神心理的磨砺与考验。”①

从国内外学术界的研究来看,美德伦理的复兴思路尚未涉及美德与自然的关系。西方环境美德伦理学家也很少明确声称环境美德与美德伦理学的当代复兴有关联,而且以安斯库姆为代表的美德伦理学复兴的哲学心理学路径和以麦金太尔为代表的历史共同体主义路径的研究尚未将“自然”和“环境”纳入到美德伦理学的研究视域中。无论是从潜在的学理背景还是从理论逻辑上,从美德伦理学的复兴所要回答的时代问题上,环境美德的研究不仅仅是环境伦理学的视角转换,也是美德伦理学当代复兴的历史使命。环境美德的研究可以看作是这场美德伦理复兴运动走向自然的深入发展。对于国内的美德伦理研究与环境伦理学研究而言,基于中国的现实思考美德伦理复兴与美德伦理观照自然的问题都是非常必要的。

三、美德伦理的自然向度

美德伦理学复兴运动在声势上取得了广泛的关注,但在学理层面仍面临许多迫切需要回答的问题。如:(1)美德伦理与现代社会生活的适应性问题。现代社会最显著的特征是大范围、大空间、大结构,全球化远远超越了传统社会的乡村、地方和国家的空间。互联网的运用不仅拓展了人们的交往空间,在时间向度上也有拓展,也就是说,现代社会的时空条件和共同体的边界是大大地扩张了,因其几何级数的时空扩张而导致伦理应对必然有更高的普遍性的要求。美德伦理学对现代生活而言,有一定的挑战性。“美德伦理本质上基于道德文化共同体的特殊文化情景而非社会政治共同体的普适条件、持守传统回溯取向而非面向现实和未来、基于历史叙事而非普遍理性推理或公共理性论证,因而难以适应现代社会和现代人的道德伦理生活需要。”②(2)美德伦理学的本体论问题。美德伦理学是在反规则的动机下提出的,但无论是安斯库姆将美德伦理学诉诸道德心理还是麦金太尔诉诸处于历史文化传统中的共同体,美德伦理学的本体问题仍是悬而未决的问题。(3)美德伦理学的自然观照问题。美德伦理学的当代复兴的历史背景已然不同于亚里士多德的城邦生活时代,这次复兴是基于工业文明、现代生活背景的再次对“什么

① 万俊人.美德伦理如何复兴?[J].求是学刊,2011,38(1):44.
② 万俊人.关于美德伦理学研究的几个理论问题[J].道德与文明,2008(3):20.

是好的生活”,“什么是幸福”的回答。但必须要注意的是,美德伦理学复兴的背景和对“什么是好的生活”的回答中已经包含了工业文明的副产品——环境危机以及工业文明内生的消费主义伦理。所以美德伦理的复兴不是一般性地回答“什么是好的生活”,而是必须在严峻的生态环境危机背景下,在消费主义激发出人膨胀的各种欲望,以及通过消费自我认同的背景下,回答“人何以存在”、“人应该成为什么样的人”、“人如何过好的生活”的问题。这就意味着,此轮复兴的美德伦理学,必须从美德伦理学的角度思考人与自然的关系问题,美德伦理学的复兴不能再囿于人际伦理的范围,将自然纳入美德伦理视域是当代美德伦理学的现实问题和历史使命。环境美德的研究是环境伦理学与美德伦理学的交叉学科,对于美德伦理学的研究者来说,环境美德就是美德伦理学走向自然、观照自然而形成的新领域。

提出“美德伦理观照自然”是一个非常新的课题,它的提出不仅来源于从规范伦理到美德伦理的学理变迁,也是来源于日常生活实践的伦理思考。在日常生活实践中,人们对待自然的态度和行为有不同表现,有的人为了牟取暴利猎杀野生动物,为了猎奇消费、炫耀性消费,吃饕餮大餐,穿皮草羊绒,全然不顾对自然环境和珍稀动物的虐杀;有的人为了保护环境奔走呼号,牺牲自己的时间、金钱、利益,甚至是生命。同样是生活在现代的人,为什么在对待自然的道德态度和行为上有如此大的差异呢?这与人们内在的道德品质,与其对自然所秉持的价值观和道德态度有关。从这个意义上,不需要太多的理论推理,从直觉上就可以体认到人内在的道德品质与对待自然的行为之间的内在联系。那些在日常生活中具有良善的道德品质的人,在对待自然事物时也会表现出对自然事物的“善”,如对待动物比较仁慈,不急功近利地以消费自然来满足自己的私欲,生活中注重节俭等。再如具有谦逊美德的人不仅对他人,而且对自然也表现出敬畏、尊重和谦逊的美德等等。像索南达杰、徐秀娟、梭罗、张正祥、梁从诫等人,他们确实展现出了人的道德品质与自然事物之间的联系,而且是将人内在的美德投射和观照到自然事物上。从理论建构的角度看,日常生活实践中展现的美德对自然的观照实例还需要从美德伦理学理论角度加以阐释。著名美德伦理学家罗莎琳德·赫斯特豪斯已经从美德观照自然的角度进行了初步研究。首先,罗莎琳德·赫斯特豪斯给环境伦理学的定位是:环境伦理学是为了说明和捍卫一种“绿色信仰”(a green belief)的学科。环境美德是从美德伦理途径说明和捍卫这种绿色信仰。其次,环境美德的实现途径有两条:一是对旧有的美德(virtue)和恶习(vice)进行新的阐释;二是在我们与环境之间引入一到两种新的环境美德(environmental virtue)。新的品格或美德不仅仅是态度和意向,也包括感觉和情感在内,还包含对特定行为的反应。态度和意向、感觉或情感、观察能力或实践智慧,这三方面完全不同的元素才能形成一个人的品性。最后,无论是重新诠释已有的美德和恶习,还是重新识别(recognize)一个新的品格,我们所得到的都是一系列明显的禁令:禁止随意的、无理由的、自私的、物质主义的和急功近利的消费、伤害、破坏和掠夺。她认为环境美德的训练应该针对的是21世纪城市生活方式为主的居民。[①] 罗纳德·赛德勒说:"伦理学的中心问题是:'我们应该如何生活?'回答这个问题当然需要提供一个我们应该如何行为的解释。但是仅仅是关于行为的一套规则、一个基本原则或者如何做决定的程序并没有完全回答这个问题。一个完善的回答在形式上不仅包括我们应该怎么做,而且包括我们应该成为什么样的人……所以完备的伦理学看起来不仅需要关于行为的伦理(an ethic of action)——对我们对环境应该做什么和不应该做什么的指导,而且应该提供关于品格的伦理(an ethic of character)——提供关于环境我们应该做和不应该做什么的态度和意向(dispositions)。"[②]罗莎琳德·赫斯特豪斯和罗纳德·赛德勒对"美德观照自然"的理论都是初步研究,还需要在理论基础和具体内容方面深入研究。

第三节 环境美德的思想发轫

环境美德兼有环境伦理与美德伦理的要素,这两种不同领域的道德理论模式是如何融合为一种新的理论,融合为一种适应现代社会所追求的伦理理论的呢?就思想资源而言,早期环境伦理学在规范伦理向度的建构"只见规范不见人","人"作为价值主体、德性主体和实践主体的缺失造成其理论困境。为了回应环保实践提出的理论问题,超越早期环境伦理学的理论困境,构建"人到场的"、具有"环境美德"的人,环境道德哲学的研究思路需要转换。如图所示:

---

① Rosalind Hursthouse. Environmental Virtue Ethics [M]// RebeccăL Walker, Philip J Ivanhoe. Working Virtue: Virtue Ethics and Contemporary Moral Problems. Oxford: Clarendon Press, 2007: 155-171.

② Philip Cafaro, Ronald Sandler. Environmental Virtue Ethics [M]. Oxford: Rowman and Littlefield Publishers, 2005: 2.

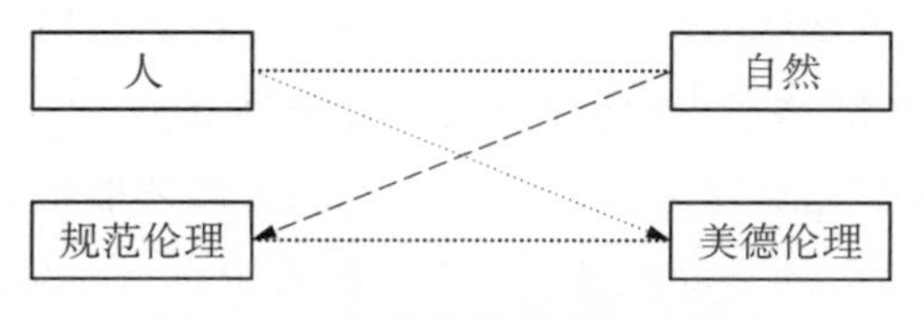

图 1－1　环境美德研究思路图示

由图中可以看出：(1)人与自然的关系是人生存的最基本的亘古常新的研究主题。对人与自然关系的研究可以“自然”为逻辑起点，通常的自然哲学、自然科学都是如此，但自然科学中包括对人的研究，如医学等学科；也可以“人”为逻辑起点进行研究，人文社会科学大多关注于此，但绝对不能脱离自然背景，伦理学科亦应如此。(2)环境伦理学是对人与自然的关系进行伦理审视和反思的学问。伦理学包括美德伦理和规范伦理两大理论形态，两种思路皆可审视人与自然的关系并且密切相关。(3)早期环境伦理学的研究以“自然”为逻辑起点，以“规范伦理”为理论基础，以约束“人”的行为为理论目标；环境美德伦理学的研究是以“人”为逻辑起点，以“美德伦理”为理论基础，以美德观照“自然”为理论目标。这样就形成了“自然——规范伦理——规制人”与“人——美德伦理——观照自然”两条不同的研究路线图，呈现出不同的环境伦理学的理论图景。本书的全部任务在于按照“人——美德伦理——观照自然”的研究路线图，呈现和论证该路线图所带来的环境伦理学的理论图景，以丰富环境伦理学的理论研究和指导环境保护的实践。

一、“人到场”与环境美德

早期环境伦理学理论成果是当代人们对“人—自然”伦理关系理解的过程性产物。面对严峻的生态危机，人类最初从技术的角度认识环境问题，认为是不完善的科学技术导致了环境问题，因此环境问题的解决只要依靠科学技术的进步，这是针对环境问题从技术角度进行的浅层反思。仅仅通过对技术的反思与改进并不能解决环境问题，在此基础上人们开始反思“我们究竟该如何看待自然”这个问题，传统自然观成为第二阶段的反思对象。早期环境伦理学的理论建构以“自然”为逻辑起点，通过各种方式为自然进行道德赋值，力图通过各种伦理手段修正传统的机械论的、功利主义的自然观，修正人们认为自然只具有功利价值，自然物没有道德地位的自然观和价值观，使自然从伦理学观照的“外场”进入到“内场”。借助于生态科学从科学角度修正原有的科学自然观的理论基础，早期环境伦理学援用各种伦理资源也修正了原来对待自然的价值观，确立了对待自然的新自然观和新价值观。问题在于，环境伦理学的“新”仅仅是因其关怀对象拓展到自然，将自然作为伦理观照的对象而“新”吗？其在本质上的“新”还应该更深刻地回应到对哲学基本问题的思考上，即对人本身的新的看待和认识上，这样对环境问题的反思就从技术观、自然观到重新认识人本身。作为对环境问题反思的第三个阶段，如何在人与自然的关系中重新看待人本身就成为了新的问题，因为“如果作为人本质力量展现的工业所造就的对象性存在发生错乱、破坏乃至危机，那么就无异于表明人的本质在生成、认识、评价、展望诸方面的某种错乱、破坏乃至危机。在某种意义上，当今自然界的生态危机、环境问题恰恰是人的危机、人的问题”①。“当环境哲学试图把人类的道德关怀扩展到自然中的时候，它所关注的各种问题的解决，最终都内在地汇聚到了对人的本质的认识上。这个问题是环境哲学不可逾越的，而且也是它要实现道德扩展，并为这种扩展提供合理性证明的一个核心问题所在。”②

环境伦理学需要研究人，环境美德伦理学即是新人学。古希腊时期，苏格拉底在早期希腊哲学聚焦自然哲学问题后开创性地提出“认识你自己”的命题。在当代，人类面对严峻的生态危机需要重新回归对人的伦理研究。“生态伦理学实质是人本学的问题，是关于人之本性的问题。只有解开了人性之谜，确切回答了‘人是什么’，才能从根本上确定人对自然界的合理行为。”③环境伦理学的“新”应该体现在当代的历史背景下对古希腊哲学命题“认识你自己”的重新思考与回答。与仅修正自然观而不反思人的早期环境伦理学理论构建相比，以人学研究为切入点的环境美德伦理学是深层次的思考。如果说自然观的反思是把自然从伦理学“外场”带到“内场”，那么环境伦理学人的研究方向的开启就是“重新邀人出场”。从近代以来对人的本质和人的自我认识的基础上，经过早期环境伦理学对自然的抬升和对人的贬抑的“波浪式前进”，最后实现“人”的到场或重新出场，是对人自身认识的“螺旋式上升”。这个过程正如马克思所说：“人是对象化的存在物……随着对象

---

① 傅德田，朱巧香. 人的设定与环境伦理理念[J]. 道德与文明，2009(6)：103.

② 郑慧子. 环境哲学的实质：当代哲学的人类学转向[J]. 自然辩证法研究，2006，22(10)：13.

③ 曹孟勤. 人性与自然：生态伦理哲学基础反思[M]. 南京：南京师范大学出版社，2004：12.

性的现实在社会中对人来说到处成为人的本质力量的现实，成为人的现实，因而成为人自己的本质力量的现实，一切对象对他来说也就成为他自身的对象化，成为确证和实现他的个性的对象，成为他的对象，这就是说，对象成为他自身。”①可以说，生态环境危机的恶化实质是先前对人的本性和价值的理解偏差造成的，是将人理解为需要通过征服自然、攫取自然才能获得其自身价值确认的错误观念造成的，这实际上是因为对人本质理解的异化而导致的人与自然关系的异化。环境伦理学倡导人和自然建立伦理关系，并且重视人与自然和谐相处，是对异化了的人本质观念的修正。郑慧子提出：“环境伦理讨论的是‘人’与‘自然’之间是否存在伦理关系的问题。因此，在这个问题上，可供我们选择的逻辑起点只能有两个，而不同的选择在理论上将导致两种完全不同的研究路线，其结果也必然会表现出很大的差异。……以不同的逻辑起点展开的研究，最终带给我们的将是两种完全不同的环境伦理的图景。这种差别所表现出来的，并不仅仅是我们采取的逻辑起点本身的不同，而是根据哪一个逻辑起点我们才能更好地回答这个问题，也即使人对自然的道德关怀在理论上更具有它的普遍意义。”②从“人”出发来理解环境问题，可以有以下的积极效果。

其一，消解内在价值和自然权利的困境。“人为什么要道德地对待自然?”以“自然”为逻辑起点的早期环境伦理学的回答是“因为自然有内在价值”和“因为自然有天赋权利”。事实上，正如许多学者所批判的，脱离了价值主体之人的判断的价值实质是存在而不是价值。天赋权利只是一厢情愿地赋予自然权利，而实际上大自然的动植物并没有意识也无行使权利的能力。“现代人所习惯的‘社会契约’的思维模式并不完全适合生态伦理学研究，因为自然存在物和自然界本身并不具有与人类讨价还价的话语能力，这使得人与自然界之间任何商谈和权利义务的对等交换都不可能。自然存在物是不是道德主体、有没有道德地位，完全是人们一厢情愿的猜测。在人与自然界的相互作用中，人始终是作为主动的行为者出现的，自然世界始终是作为消极被动的行为对象而呈现在人类面前的。在此情形下，生态伦理的建立实际上只能以人类对自然世界的基本观念和价值理解为前提。人类如

① 马克思. 1844年经济学哲学手稿[M]. 中共中央马克思恩格斯列宁斯大林著作编译局，编译. 北京：人民出版社，2002：88.
② 郑慧子. 走向自然的伦理[M]. 北京：人民出版社，2006：90—91.

何看待、认识和评价自然界，决定着人类将会有怎样的生态伦理观念和生态伦理行为。……人对自然存在物的道德义务的根据，并不必然与其是否拥有道德地位有关，更主要的是与人的自我意识或者说与人性的确认紧密相关。人性才是生态伦理的本体论依据。”①

以“人”为逻辑起点的环境伦理学在回答“人为什么要道德地对待自然”的基本问题时，并不是从自然角度开始，也不以自然是否具有内在价值或具有自然权利为前提，人道德地对待自然的理由在于人自身对自我的认识，对自身的道德要求，即便自然存在物本身不具有内在价值也尚未发现重大的工具价值，有德性的人仍然会基于自身内在的德性而道德地对待自然，其行为的最终依据是其自身的德性使然，而非假以自然本身的价值变化或权利获得。“人为自然存在物承担道德义务的依据，并不必然是自然存在物有无道德地位、是不是道德主体，而从根本上来说，是人有没有人之为人的本性，人能不能为自己的作为人的存在做出承诺，能不能成为生态道德的主体。人的自我品格、生态德性较之自然存在物的道德地位更具有优先性。”②

此外，早期环境伦理学倍受苛责的一个问题是“休谟问题”，即如何从生态学的“是”推导出伦理学的“应该”的事实与价值二分问题。尽管克里考特(John Baird Callicott)从休谟的伦理根源是情感而非理性，理性的作用在于激发人类的情感，情感作用的对象是生态共同体三个方面进行了辩护，但仍只是一家之言。郑慧子认为：“把论证环境伦理合理性的逻辑起点作了一个颠覆，也就是从‘自然’转换到‘人’。有了这个颠覆之后，我们会发现，环境伦理的合理性问题的论证难度就会被大大地减小。因为，随着这个逻辑起点的转换，‘是/应当’或‘自然主义谬误’问题就不再构成一个问题了。……有关环境伦理的合理性问题，最后就集中在我们对‘人’本身的理解上，只要我们能够就人是作为何种意义上的物种而存在的，我们就可以知道我们在环境伦理的合理性问题上能够向前推进多少。”③

其二，人作为主体的到场。以“人”为逻辑起点的环境伦理学研究创设了在生态危机背景下重新研究“人”的舞台。“关于人的论说，过去以人的本质论(或人性

---

① 曹孟勤.人性与自然：生态伦理哲学基础反思[M].南京：南京师范大学出版社，2004：45—46.
② 曹孟勤.人性与自然：生态伦理哲学基础反思[M].南京：南京师范大学出版社，2004：8.
③ 郑慧子.《走向自然的伦理》序言[M]//郑慧子.走向自然的伦理.北京：人民出版社，2006：3.

论)为主。中国人性之辨与西方'人是什么'的追求,都以抓住人之异于他物的属性、特征为基本内容,以确立人之为人的本质为核心。这一关于人的本质论的研究历史,在剔除人的次要属性、把握人的抽象同一性、进行人的形上之思等方面,为我们今天认识人、把握人做了坚实的理论铺垫。当然,人之为人除了抽象同一性、主要特征的把握之外,还要有一种生存实践向度的理解,毕竟,人是现实的、具体的人,是活生生实践着的人。所以,本质论基础上的生存实践论转向,是当今有关人的论说的必要向度之一。"[①]在生存实践向度来理解人作为主体的到场,可以从人作为生态价值认知的价值主体的到场,人作为环境保护社会实践的实践主体的到场,人作为内在具有环境美德的道德主体的到场三个角度来理解。

人作为价值主体的到场。在人与自然的关系中,人仍然是价值主体,所不同的是,环境伦理学所要求人作为的价值主体不是以机械自然观和极端功利主义价值观所指导的价值,而是基于生态学的科学事实和环境伦理学的整体主义价值观,是能正确认识自我与自然的恰当关系,能将善待自然与成就自我融为一体的价值主体。环境伦理学最早的关于"人类中心主义"和"非人类中心主义"的争论,在人作为认识自然的主体方面是毫无争议的,其争论实质是关于价值观和价值主体的争论。在二者的争论中,非人类中心主义因为对自然的高调赞颂、内在价值赋予和对自然存在物的激进保护占据了道义的制高点,但在环境保护的实践层面,特别是全球和各国的公共政策层面,则一直是以人类中心主义的价值观为主导的。非人类中心主义的环境伦理学家一直对环境伦理学谈论"人"抱有戒备心,唯恐肯定人是价值主体而陷于人类中心主义的泥潭。罗尔斯顿认为环境美德伦理学的研究是"一半的真理,但整体上是危险的"就是基于这样的担忧。事实上,在生态危机背景下,人作为价值主体的出场,并不意味着原来的人类中心主义的价值观的复归,而是人意识到生态系统的整体性、关联性以及人在自然中的生态地位后对自然界价值的重新认识。在这个阶段上人作为价值主体,不仅认识到了自然事物的工具价值,也认识到了自然事物的内在价值。

人作为环境保护实践主体的到场。环境伦理学是实践的伦理学,在人与自然存在物中,动物、山脉、河流等不能领会也不会进行环境伦理的道德实践,环境伦理之伦理实践只能是对人而言的伦理实践,人是环境保护的实践主体。早期环境伦

---

① 傅德田,朱巧香.人的设定与环境伦理理念[J].道德与文明,2009(6):103.

理学的研究仅仅通过抬升自然的道德地位来排除人对自然的干扰，人作为自然存在物，在自然中的活动也具有自然存在物生存发展的合法性。如何平衡人作为生态系统存在物活动的合理性与适度性，如何依靠自然生存发展而又有效地保护自然，需要依靠人的生态智慧和环境伦理实践。环境伦理的实践不仅是个体的道德实践，也是整个社会文明的进步，是从工业文明到生态文明的转变。环境伦理学的研究最终必须关注和落脚于人保护环境的实践中，以“人”为逻辑起点的环境伦理学研究必然从具体的、现实生活中的环境保护实践着手研究问题。

人作为道德主体的到场。道德主体(moral agent)是西方伦理学的一个基本概念，是指具有道德行为能力和道德责任能力的道德行为者。非人类中心主义环境伦理学家在论述道德主体的时候以理性能力和自我意识为依据，有些非人类中心主义环境伦理学家主张人类中的婴儿和智障人士不具有道德主体的资格，相反一些高级动物如大象、海豚等具有自我意识的动物反而具有道德主体的资格。但毋庸置疑的是，在人与自然的伦理关系中，人是道德行为者，是道德主体，与社会学、心理学等学科对人的研究不同，环境伦理视域的人学是将人作为道德主体来研究的。因为“人只有首先成为保护自然生态环境的人，将保护自然生态环境视为人的一种不可或缺的美德，他才会认为保护自然生态环境的行为具有价值和意义，并产生自觉保护自然生态环境的道德行为”①。人作为道德主体的到场，还在于扭转人的道德形象。早期环境伦理学在抬升自然的道德地位时，存在着对人的道德形象的激烈批判和大力贬抑，人对待自然的道德态度和形象是贪婪、自私、自大、狂妄、暴虐、无知、疯狂掠夺的，其论证逻辑是“道德的自然”和“不道德的人”。在这样的论证逻辑下，不仅让人觉得环境伦理学的建设毫无希望，而且还对环境伦理学，特别是非人类中心主义的环境伦理学产生了反感，似乎环境保护就是要扼杀快乐(kill joys)，是为了另一动物的福利而阻止人类的贸易自由和幸福，似乎环境伦理学为了证明自然的内在价值就必然要剥夺人的权利和自由(proscriptive)。

早期环境伦理学为保护环境提供的伦理理由有二：一是保护环境为了人类的利益(人类中心主义)；二是保护环境为了自然的利益(权利、内在价值)。利益、权利、价值、义务、原则、后果都是西方哲学传统和社会生活中为人熟知的概念并且有着高度的道德号召力，是西方文化中强有力的道德货币，早期环境伦理学家中较少

① 曹孟勤.人性与自然：生态伦理哲学基础反思[M].南京：南京师范大学出版社，2004：8.

有美德伦理学家，他们选择的权利、义务等法律的诉讼类的语言非常具有现实号召力。环境美德伦理学的研究是保护环境的第三种理由，即保护环境是人的精神品格和美德的彰显，是人的卓越和完善的理想，是人自身的内在要求。环境美德的提出树立了人在面对自然时正面的、积极的道德形象，在面对自然环境时，人展现出关爱自然、节制欲望、担当责任的道德形象，并且最重要的是，美德的动机是发自人内心的、人自主的道德要求。孔子曰："为仁由己，而由人乎？"借用到环境美德的回答，即为保护环境"为仁由己，而由自然乎"？相对于为保护人类的利益和尊重自然的内在价值这两重道德理由所体现的道德境界来说，环境美德展现了人作为道德主体更高的道德要求和道德境界，同时也是内在于人的本质的，是内在的、可行的。

人作为价值主体、实践主体和道德主体分别形成环境伦理学之人学研究的三个侧重方面。人作为价值主体的到场，使环境伦理之人学研究需要重估自然界的价值，并且修正人类中心主义的价值观，形成人所拥有的看待自然的新的价值观；人作为实践主体的到场，促使环境伦理之人学研究注重现实的、客观的、可操作的融于日常生活世界的环境保护实践，研究环境伦理之实践活动对人的价值和素质的提升；人作为道德主体的到场，使环境伦理学的研究关注人之美德与自然的关系问题，研究人所具有的品格特性与其对待自然的价值、态度、行为之间的关系，形成环境美德伦理学的研究。马克·塞格夫(Mark Sagoff)说："一个令人满意的环境伦理学必须不仅应涉及那些确定你要怎么样去做的评价，而且应涉及确定你是什么样的人的评价。这一区别的含义是要认识到你的价值观及态度是你自身作为一个人的一部分。你的品格、素质、关系、态度、价值及信仰更一般地称之为'个性'(personality)的东西不是独立于你自身之外。你的品格不像一件衣服可随心所欲地穿上或脱下。另外，自我是由最根本的素质、态度、价值和信仰所确定的。这样，当环境哲学要求你改变对待自然的最根本的态度时，实际上是要你改变自己。"① 人作为主体的到场，环境伦理学对人提出要重新认识人，塑造人对自然的道德品格。

将环境伦理学的研究起点从"自然"转向"人"，在环境伦理学的背景下开启新人学的研究，人作为价值主体、实践主体和道德主体在环境伦理学中"到场"有可能

① 戴斯·贾丁斯. 环境伦理学：环境哲学导论[M]. 林官明，杨爱民，译. 北京：北京大学出版社，2002：156.

会引发重新回到“人类中心主义”的立场上的嫌疑，如有不慎就会陷入“人类中心主义”和“非人类中心主义”争论的怪圈，在此需要澄清，环境伦理学的逻辑起点转向人或者人的到场并不必然导致人类中心主义。

首先，人类中心主义是多重含义的，至少包括认识、价值和实践三个层面。所谓认识上的人类中心主义是一个客观事实，我们所描述的世界和对象化的世界都是以人类的认识为“中心”的，人不用自然事物的眼睛和头脑来看待世界，正如《庄子·秋水》篇中的诘问：“子非鱼，安知鱼之乐?”人类不是树木、花草、飞禽、鸟兽、鱼虾、昆虫，人生活、描绘、研究和改造的世界都是以人类的认识为“中心”的，这是认识论层面的人类“中心”主义。

其次是价值论上的人类中心主义，是在价值观上一切以人类的利益为中心的思想，环境伦理学所批判的人类中心主义正是价值观上的人类中心主义。环境伦理学认为正是这种以人类的利益为中心的价值观导致了对自然环境的破坏，因此从价值观的角度提出自然事物的内在价值与人类中心主义的价值观相“抗衡”。仔细分析，价值观上的人类中心主义表述并不准确，其实质是人类利己主义，是以人“类”或“物种”的利益为追求的利己主义。形成这种人类利己主义的原因一方面是以前人类改造自然和影响生态环境的能量较小，某个限度内的人类利己主义不会导致大规模的生态危机，人类并未认识到其存在的利己主义及其危害性。随着生态环境危机的出现，非人类中心主义的环境伦理学家对这种利己主义的人类中心主义价值观进行了猛烈的批判，从林恩·怀特(Lynn White)的论文《我们的生态危机的历史根源》的分析开始，到罗尔斯顿的《哲学走向荒野》，都表达了对这种人类利己主义的批判。认识是与价值相联系的，人类只能用自己的头脑和视野来认识世界，认识自然，同样也只能用自己的评价去看待自然。那么能否走出人类中心主义呢？可以的。将人类利己主义与人类利他主义相区分，就可以看出，当生态学的发展使人类认识到自然生态系统的平衡和稳定非常重要，认识到与自然生态系统的物种之间休戚相关、共生共荣的生态关系，认识到自然事物价值的多重性，对人类、对自身和对生态系统都具有价值，人类就可以而且必须克服利己主义的人类中心主义，在价值观上尊重生态规律和生态价值，并在人与自然和谐的前提下“利己”，甚至也发挥利他主义的精神来保护生态系统的平衡。人类作为价值主体是客观事实，但是在价值选择上可以选择利己主义，也可以选择利他主义，正如在人际伦理中利己主义和利他主义最终统一相似，在人与自然关系上的“利己”与“利他”

也最终是统一的。这就说明，人类是价值主体并不必然等于利己主义的人类中心主义，而是有着思想和认识的价值选择过程。随着环境伦理研究的深入，生态文明社会的构建，作为价值主体的人类在人与自然关系的价值选择上会越来越明智，也越来越自觉，越来越和谐，能够实现利奥波德所说的“像山一样思考”。环境伦理学“人的到场”是人作为价值主体和道德主体的到场，是人类以自己的道德认识特别是生态环境道德认识作出价值选择，是价值主体和道德主体的统一，并不必然导致以往所批判的人类中心主义（人类利己主义）。

再次，除认识论、价值论外，在实践层面，人类是当然的实践主体。生态环境的破坏，毫无疑问人是主要因素，生态环境的修复一方面依靠自然的生态规律和生态自我修复能力，更主要地要依靠人类改变生产生活方式，改变与自然界物质能量变换的方式，改变对待自然的道德态度，进行保护环境的道德实践。在环境保护的主体上，人类是重要的实践主体，这是毋庸置疑的。综上所述，将环境伦理学的逻辑起点从“自然”转向“人”并不意味着重蹈人类中心主义的覆辙，毋宁说是对人的认识的“螺旋式”上升，貌似研究又回到了起点，但内涵已然发生了变化，作为价值主体、道德主体和实践主体的“人”不是那个利己主义的人类中心主义的“人”。

二、环境规范与环境美德

将为自然进行道德赋值的研究转向以人为逻辑起点的人学研究是超越早期环境伦理困境的第一步。环境伦理学研究的逻辑起点从“自然”转向“人”以后，还需要再度聚焦，聚焦到“美德”点上，这是超越早期环境伦理学理论困境的第二步。托马斯·希尔在提出邻居伐树铲草而自己又苦于无道德理由去劝阻邻居的行为时，悟出了自己“苦恼”的理论根源在于传统伦理学包括功利主义、义务论伦理学、基督教伦理学等都只将伦理学的目标锁定在人的行为，以人的行为研究为中心，早期环境伦理学的研究也沿袭着这样的思路，其研究的对象是针对行为（act），但是对行为者（actor）的关注很少。至此，托马斯·希尔提出环境伦理学研究的问题转换，即从对行为（act）的研究转向对行为者（actor）的研究。环境伦理学对行为者研究思路的开启，意味着不是再囿于规范伦理的思路，而是转向对人的态度、意向、美德等的研究。

其他早期环境伦理学家在提出环境伦理规范的同时，也自觉不自觉地表达了对行为者应具有环境美德的要求。施韦泽“敬畏生命”的理论就既有规范的内容，也有环境美德的思想萌芽。“施韦泽并未把敬畏生命当作一个伦理法则。敬畏生命是我们对这个世界所采取的一种态度。在这个意义上，施韦泽的伦理学不是着重于回答‘我该如何行？’这个问题，而是‘我该成为什么样的人？’其观点不仅仅是个规范的伦理，而是指品性和素质，不是指行为。这一转变代表着一种向哲学伦理学传统的回归，它可上溯到柏拉图和亚里士多德。品德伦理(an ethics of virtue)强调道德品质，或品德，而不是规范或原则。伦理学体系如功利主义、道义论和自然法则着重于人类行为(actions)，寻求论证行为正确与错误的规范和原则。品质伦理学描述和论证道德高尚的人所具有的品德，以此来构筑道德高尚的人的哲学内涵。像亚里士多德那样，多数基于品德的理论是目的论。通过与某些人的目的或目标的联系，美德(virtue)与罪恶(vice)区别开来。亚里士多德认为，美德就是那些使人们过着有意义的和充实的生活的品性特征。……在我们考察最近的环境哲学时记住这一区别是有用的。新涌现的许多哲学不但要更新功利主义或道义学中的规范和原则，而且它要求我们在哲学观点上来个大的转变，要摆脱行为规范而转向道德品质。这一转变不仅仅要求转变对环境的态度，而且很重要地要对我们自己有不同的认识。”①戴斯·贾丁斯通过对施韦泽思想的分析敏锐地把握并分析了环境美德的思想萌芽。

保罗·泰勒论证了自然有固有价值(inherent value)，提出一系列人必须尊重自然的道德规范，同时又提出了人必须具有尊重自然的道德态度。他说：“我所论述的环境伦理的中心教义是正确地行动和那些能够表达和体现一种终极道德态度的、道德上善的品格特征，我称之为尊重自然(respect of nature)。”②泰勒的“尊重自然”既是行动的规范也是品德特征和道德态度，他认为尊重自然的道德态度指道德行为者(moral agent)应具有采取保护自然的道德行为的道德意向(dispositions)，包含四个方面：评价(valutional)方面是承认和赋予自然事物以内在价值；目标诉求(conative)方面是努力减少对内在价值的伤害，努力保护内在

---

① 戴斯·贾丁斯. 环境伦理学：环境哲学导论[M]. 林官明，杨爱民，译. 北京：北京大学出版社：2002：155—156.

② Paul W Taylor. Respect for Nature：A Theory of Environemntal Ethics [M]. Princeton：Princeton University Press，1986：80.

价值在自然秩序中的存在；实践的(practical)方面是指行为者能够在两种可选择的行动理由中选择正确理由的能力；感情的(affective)方面是对特定行动产生感情的意向。这四个方面的态度和意向构成了“尊重自然”的品格特征，即环境美德。

从托马斯·希尔、施韦泽和保罗·泰勒的环境伦理理论可以看出，在规范伦理学盛行的年代，虽然环境伦理学家制定的环境道德规范传播和影响较快，但很多人也自觉不自觉地意识到了规范与美德的不可分割性。在强调环境伦理规范的同时，需要理解环境伦理规范并将其道德要求内化为主体的品格特征，即环境美德。规范与美德二者是一个硬币的两面，相依相存，不可分割。需要说明的是，“规范”与“美德”的区分主要是学理上的区分，在实际的道德实践中，具有稳定的品格特征和高尚美德的人会自觉地践行道德规范，具有良好规范意识的人会将规范所蕴含的伦理精神内化为自己的道德信念，二者是一而二，二而一的辩证关系。特别是在中国传统文化中就没有“美德”和“规范”的明显区分，“仁”、“孝”、“忠”、“恕”等本身就既是道德规范，也是美德德目，恰如保罗·泰勒的“尊重自然”既是尊重自然的终极道德态度，也是尊重自然的行为规范的总和。

当环境伦理学研究的逻辑起点从“自然”转向“人”，人作为价值主体、实践主体、道德主体的“到场”，展现人关爱自然的价值观、道德观和行动观，最终体现为人尊重自然，关爱自然的环境美德，前述环境规范伦理的困境如“规范生成的困境”、“规范与行动之间的逻辑距离”、“规范系统的协调性”等问题都可迎刃而解。对于一个具有环境美德的人来说，沉淀在其内心的价值观念和道德品格有助于在不同的情境中做出符合道德要求的行为，对不同道德规范的协调会转化为一种德性的实践智慧。“相对于个体所处情景的变动性及行为的多样性，德性具有相对统一、稳定的品格，它并不因特定情景的每一变迁而变迁，而是在个体存在过程中保持相对的绵延统一：处于不同时空情景中的‘我’，其真实的德性并不逐物而动、随境而迁。”①

环境美德如何回应主体的差异性，回应环境正义问题？这个问题其实回到了罗尔斯和麦金太尔关于正义的争论，环境正义只是其中的一种正义。罗尔斯的《正义论》从“无知之幕”开始推演正义的规则，麦金太尔对脱离了共同体生活和历史具

① 杨国荣.伦理与存在：道德哲学研究[M].上海：上海人民出版社，2002：45.

体情境的正义规则加以批判，认为正义是一种美德，二者之间的争论观点同样适用于环境美德的论证。从美德伦理的角度看，个体的环境美德与其所处的国家、地区、民族、文化、生存环境、社会身份等密切相关，不存在抽象的正义。一定的历史时期，一定区域和文化传统中的人对环境美德的理解能够达到一种利益的共识和意会的美德，随着共同体范围的扩大，从村庄到市镇、从市镇到都市、从都市到区域、从区域到国家、从国家到地球乃至宇宙生态系统，环境美德的共同体生活不断扩大，共同体生活和文化的形成也会孕育出适应扩展了的共同体的环境美德。

至此，本章主要从环境伦理学理论构建的内部矛盾解释了环境美德研究的理论缘起，从理论层面回答了“环境美德何以必要”的问题。在实践层面，对于社会公众个体的日常生活世界的生活实践中也存在“为什么需要环境美德”的问题，实践层面的“环境美德何以必要”将结合环境美德的教育问题继续探讨。

第二章　环境美德的思想资源

就伦理学思想史而言，环境美德包括环境伦理学的研究并没有超越整个伦理思想的传统，只是在生态危机的历史背景下伦理学对环境问题的积极回应，环境伦理的理论土壤仍在中西方的伦理思想资源中。本章围绕“环境美德”概念，对中西方文化中牵涉到环境美德思想的学术资源进行爬梳，以便为环境美德的研究寻找到学术渊源和理论根基。环境美德思想资源的发掘主要从三方面展开：一是西方环境美德思想资源发掘，其中以亚里士多德、仁慈主义运动、当代环境伦理学家的思想为主；二是中国环境美德思想资源发掘，主要以中国传统思想中的“德物关系”为主，分析中国伦理思想所具有的美德伦理特征、美德伦理的自然向度以及从中国传统道德人格养成思想中发掘环境美德思想；三是从马克思主义关于“现实的人”、“人的本质”、“完整的人”的理论资源中挖掘建立在马克思主义人学基础上的环境美德思想资源。

第一节　西方环境美德思想资源

关于西方环境美德思想资源，由于篇幅所限不能进行整个思想史的梳理，故而本书选取了西方三个历史阶段中比较有代表性的学者、学派的思想进行梳理，分别是：(一)古希腊时期亚里士多德的环境美德思想；(二)近代仁慈主义动物伦理思想；(三)现代深层生态学(Deep Ecology)的环境美德思想。

一、亚里士多德环境美德思想

古希腊哲学以苏格拉底为界，前苏格拉底哲学主要研究自然哲学，苏格拉底以著名的"认识你自己"命题开启对人的哲学研究。亚里士多德是古希腊哲学的集大成者，他归纳和总结了古希腊的自然哲学思想，著有《形而上学》、《物理学》等著作，在人的哲学研究方面有《尼各马可伦理学》、《政治学》等著作。研究亚里士多德不能割裂他的自然哲学、伦理学和政治学的内容，因为亚里士多德本身是在一个系统内进行思考的。亚里士多德的环境美德思想体现在他的自然观与德性观的相互融合之中。

1. 亚里士多德的自然观

自然是古希腊哲学最早的研究对象，古希腊许多哲学著作都以自然哲学研究为主题。亚里士多德是第一位试图给"自然"下定义的哲学家。在《形而上学》中，亚里士多德概括总结了前人述及的自然定义。"(1)自然的意义，一方面是生长着的东西的生成，例如，把u读作长音，'自然'就意为'生长'了；另一方面，它内在于事物，生长着的东西最初由之生长。(2)此外，它作为自身内在于每一自然存在物中，最初的运动首先由之开始。那些通过他物的附着和增生而增加的东西，例如胚胎，也被称为生长。……(3)此外，某种自然存在由之最初开始存在和生成的东西也被称为自然，在其自身潜能方面既无形状也无变化，例如雕像和铜器的铜就被称为自然，木器的木料以及诸如此类的东西，每一事物都由它们构成，原始质料都持续不变。……(4)此外，自然存在物的实体以另一种方式被称为自然。"①概括起来，自然就是起源，是最初的生长之物，是事物自身之中的来源，是构成事物的基质，是自然事物的实体。在概括了古希腊哲学家的观点之后，亚里士多德提出自己的自然观："自然的原始和首要的意义是，在其自身之内有这样一种运动本原的事

① 亚里士多德.形而上学[M].苗力田，译.北京：中国人民大学出版社，2003：88—89.

物的实体，质料由于能够接受这种东西而被称为自然，生成和生长由于其运动发轫于此而被称为自然。自然存在的运动的本原就是自然，它以某种方式内在于事物，或者是潜在地，或者是现实地。”①

很显然，亚里士多德的自然哲学所指的自然，与我们所说的在人类之外的、对象化的自然界或自然事物概念不同。“自然物不是自然，这是亚氏的一个重要观点。从词的使用上，亚氏是严格注意区分的。综观他的著作，凡是讨论‘自然’，他用的都是 phusis 及其变格形式；凡是说明‘自然物’或‘自然物体’，他用的都是 phusis 的形容词中性形式 phusikon 及其各种数、格变化形式，前面加上冠词使其名词化。”②亚里士多德的自然是从“存在—运动”的角度展开的，自然是事物在其自身中的运动状态，并且事物在自身中展现自身和返回自身，自然并不是自然存在物，而是存在的动因，是自身的目的，是事物的生长和生成。

“现代自然科学和哲学共同完成了对亚里士多德的自然观念的遮蔽。在现代看来，只有自然界的事物才是自然的，参与了人的活动的事物就是非自然的，人为的，这样就遮蔽了亚里士多德的人的自然。原因在于现代的自然科学和哲学完成了从本质的‘特殊性’过渡到本质的‘普遍性’，从‘本质’过渡到‘量’，从而严格区分了自然界的事物和人为世界的事物，遮蔽了亚里士多德的自然观念。”③“亚里士多德的自然观念旨在说明事物获得其自然（本质）的原理，自然是一个从内在于自身的本原出发又回到自身的过程。在他看来，无论石头、树、人还是城邦都是自然事物，因为只要自身拥有获得其本质的本原的事物，就是自然的。然而，在现代人看来，只有石头、树是自然的，人除了生物因素是自然的之外，一旦人的精神的参与就是非自然的、人为的，因而人的活动产物——城邦也是非自然的、人为的。”④

亚里士多德“自然”和“自然物”在词根上的相同和意义上的区别是前科学时代人们世界观的反映。当下我们之所以将自然理解为独立于人之外的自然事物，是由于亚里士多德式的自然观被遮蔽了。但是，亚里士多德的自然观只是被遮蔽，并没有真正地消失，有时候在日常生活世界中也会偶尔呈现，譬如自然也包括顺从自然界四季发展变化的规律的意思。自然指生长、运动、发展、消亡等自然而然的变

---

① 亚里士多德. 形而上学[M]. 苗力田，译. 北京：中国人民大学出版社，2003：90.
② 徐开来. 亚里士多德论“自然”[J]. 社会科学研究，2001(4)：57.
③ 卫伟. 评亚里士多德的自然观念[D]. 上海：华东师范大学，2004：2.
④ 卫伟. 评亚里士多德的自然观念[D]. 上海：华东师范大学，2004：2.

化，在这个意义上，人的一切实现活动包括生成、活动、实践、消亡也是自然而然。亚里士多德的自然观是内在的形而上之道，而现代人所理解的自然界则是形而下之器，二者之间是“道器”关系。

2. 亚里士多德的德性观

亚里士多德的德性是与人的活动相联系的，他认为，每种存在物都有其活动，而且它的活动也与它的性质与能力一样属于它自身，即每种存在物的活动都以其自身为目的。在目的系统中，无生命物的活动的目的是以它们对于其他生命物或者人而言的。植物的活动是吸收营养，促进自身生长的活动；动物的活动是感觉的活动。人的活动不同于植物的生长营养的活动和动物的感觉的活动，人的活动是灵魂合乎逻各斯的实现活动。

在每种存在物的活动中，都有使其活动得好的品质，这种品质就是德性。“可以这样说，每种德性都既使得它是其德性的那事物的状态好，又使得那事物的活动完成得好。比如，眼睛的德性既使得眼睛状态好，又使得它们的活动完成得好（因为有一副好眼睛的意思就是看东西清楚）。同样，马的德性既使得一匹马状态好，又使得它跑得快，令骑手坐得稳，并迎面冲向敌人。如果所有事物的德性都是这样，那么人的德性就是既使得一个人好又使得他出色地完成他的活动的品质。”①

德性是一种品质，是使人的活动好的品质，是使人的灵魂合于逻各斯的好的品质，各种品质所具有的共同特点是在选择中以求取适度为目的的中道，这就是亚里士多德的德性观。

3. 德性与自然：环境美德思想的萌芽

对作为“生长”、“本原”、“动因”和“目的”的自然来说，德性不是本原的，而是通过训练养成的。“理智德性主要通过教导而发生和发展，所以需要经验和时间。道德德性则通过习惯养成，因此它的名字‘道德的’也是从‘习惯’这个词演变而来。由此可见，我们所有的道德德性都不是由自然在我们身上造成的。因为，由自然造就的东西不可能由习惯改变。例如，石头的本性是向下落，它不可能通过训练形成上升的习惯，即使把它向上抛千万次。火也不可能被训练得向下落。出于本性而

---

① 亚里士多德. 尼各马可伦理学[M]. 廖申白，译注. 北京：商务印书馆，2003：45.

按一种方式运动的事物都不可能被训练得以另一种方式运动。因此，德性在我们身上的养成既不是出于自然，也不是反乎于自然的。"[①]德性不是本原而是养成，所以德性不是出于自然易于理解。那么，德性不是反乎自然，德性与自然的关系进一步是什么呢？亚里士多德指出自然赋予接受德性的能力，并且以潜能的形式为我们所活动，这些能力的实现要通过习惯训练和活动而获得。

德性既不出于自然，也不反于自然，德性与自然的关键联接点在哪里呢？在活动（epyov，希腊语），也有学者翻译为运动，变化。"在亚里士多德看来，研究一事物如何运动，就是在对其本身是什么的认识，每一种事物都有特定的运动方式，运动方式等于其存在方式，所以自然哲学最终是要追问事物的本性（自然）或本原。"[②]"从他的整个哲学出发，亚里士多德的伦理学总体上是基于对于人的活动的特殊性质的说明的目的论伦理学。"[③]亚里士多德的自然哲学研究的是事物活动的本原和本性，伦理学研究的是事物活动如何实现得好，实现得好所具有的品质特征是什么，谈论自然与德性指涉的对象都是既包含植物、动物等存在物，也包括人类。如果用今天的话语来表述，所有的存在物都有"自然"，也有"德性"，植物的自然是营养和生长，植物的德性是植物生长得好，枝繁叶茂，硕果累累；动物的自然是以其物种所是的感觉和运动，马的自然是以马的物种特性感觉和活动，马的德性是马奔跑得快。人也有人的"自然"和"德性"，人的自然就是人活动的动因、本原、目的和成长，人的活动是灵魂的活动同时又是实践的活动；人的德性就是使人的灵魂的活动"合乎逻各斯"。

那么逻各斯是什么？与自然的关系是什么？"在早期自然哲学家那里，'逻各斯'即是'自然'之'道'，是'自然'的言语和行为/行动尺度，是'存在'的'逻辑'。亚氏把这种'自然'之道与生物学的自然有机体——人的活动/目的结合起来，使得生物学的人肩负了'自然'的行动使命。因此，人的灵魂具有逻各斯功能，这也意味着人作为一种特殊的'自然有机体'能够合'自然'之'道'地活动。如果说'自然'（作为一切生命现象及其意义的终极归因）之'道'就体现为那种生生不息地创生万物的力量之'道'，那么作为具备'自然'之'道'（逻各斯）的人，其生命活动就应该像

---

① 亚里士多德. 尼各马可伦理学[M]. 廖申白，译注. 北京：商务印书馆，2003：35—36.

② 赵卫国. 亚里士多德自然哲学中的人文向度——兼论亚里士多德自然哲学是否阻碍近代自然科学的发展[J]. 科学技术与辩证法，2008，25(4)：83.

③ 廖申白. 译注者序[M]//亚里士多德. 尼各马可伦理学. 廖申白，译注. 北京：商务印书馆，2003：xvi.

'自然'那样生生不息地创生力量。这种活动也就是指人之灵魂的德性活动。"①

很显然,亚里士多德没有谈论我们今天所说的自然界和人类世界的关系,这是一种外在的表面世界的关系。亚里士多德谈论的是作为外在表面的自然界和人类世界之内的、在内核上的共同的"道"(逻各斯)与"德"(德性)的关系,那就是"德"(德性)以"道"为根据和本原,合乎"道"(逻各斯)而且彰显"道"(逻各斯),不仅仅是在一般性的层面,而且是在灵魂深处,不仅仅是思辨的,而且是实践的。在亚里士多德那里,外在的表面世界既不存在着自然物世界和人类世界的割裂,也不存在着自然物世界和人类世界的对立,在内核上它们本来就是一致的,是一而二,二而一的东西。"德性原本是'自然'的力量('德性'——希腊文 Aρno,拉丁文 Ares——原指古希腊神话中的'战神'之名,我们把它看作是对'自然之力'的隐喻)。人的灵魂因为'注入'了自然之'道'——'逻各斯',使得'人'与'自然'同一起来。因此,人的一生(通过灵魂呈明)就是一个呈明'自然'的德性之美的过程。在此意义上说,人生没有独立的意义,人生的终极意义就是自然的意义。这即是对德性伦理学复兴本体论承诺的启示。基于这种本体论承诺的德性伦理学复兴,其实就是回到了'自然'本身,回到了'生命'本身。它以'人'与'自然'的内在同一性,回避了近代以来所强化的'人'与'自然'之间的主客对立的思维模式,为人类的精神导向开启了新的视域。"②方德志还认为,"亚氏德性伦理学中的'自然'既指作为生命之动的'本原',它担当了人之行为/行动的本体论或(内在)目的论之承诺,同时,它又指作为现象界的'自然有机体'。'自然从来不做徒劳之事。''自然'有其自身的目的,这个目的就蕴藏在它所创造的诸'自然有机体'之中。人作为一种特殊的自然有机体,能够自觉地领会'自然'之'道'。人生就是一个要效法'自然'、竭力呈明自然的德性之美的过程"③。

二、仁慈主义的环境美德思想

随着近代自然哲学和科学的兴起,亚里士多德的自然是生长、目的、本原和动

① 方德志. 论亚里士多德"自然"德性伦理学对德性伦理学复兴的启示[J]. 道德与文明,2010(5): 151.
② 方德志. 论亚里士多德"自然"德性伦理学对德性伦理学复兴的启示[J]. 道德与文明,2010(5): 154—155.
③ 方德志. 论亚里士多德"自然"德性伦理学对德性伦理学复兴的启示[J]. 道德与文明,2010(5): 151.

因的概念逐步被遮蔽，对象化的外在的自然界成为近代哲学和科学研究的对象。自然界指外在于人的存在的自然的万事万物，动物、植物以及山川、河流等都是自然界，人是自然界中的一部分但从理性和逻辑上又独立于自然界。德性与自然之间的关系与当代的理解意义上相同，即人的美德与自然界事物之间的关系，其中人与动物的关系是最显现的较亲密的关系，也是环境伦理学思想最早萌芽的领域之一。“罗马人发现，假定存在着另外一种道德体系，即‘动物法’，是合乎逻辑的、这意味着，动物拥有哲学家们后来所说的那种独立于人类文明和政府的内在的或天赋的权利。”[①]17 世纪到 19 世纪关于人对待动物的道德讨论，到 20 世纪的动物解放和动物权利理论，一直延续到今天并且对人们的道德实践产生巨大影响。本文在此通过分析 18—19 世纪仁慈主义运动的思想来梳理西方思想史上有关人的美德与自然界（动物）之间伦理关系的思想。可以知道的是，人们今天对待动物的态度虽然还有残忍、暴虐等，但同时也出现了有关爱动物、救助动物、保护珍稀物种等的法律和道德要求。考察这些观念史将有助于我们理解在西方伦理思想史上的仁慈主义如何将对待动物（自然）的态度和行为与人的德性联系起来。

1. 英国仁慈主义运动的环境美德思想

在英语中，humanism 是一个多义词，在反对宗教的过程中指的是人依靠理性和经验的生存。17—19 世纪与保护动物有关的 humanism 被纳什在《大自然的权利：西方环境伦理学史》中经常使用，国内大多译为仁慈主义。仁慈主义的基本主张是人应该以仁慈的态度对待其他非人类的生命存在物，不要给其他生命存在物带来伤害和痛苦，而且人做残忍的事情在道德上是错误的，不仅对人类群体中的他者，对动物也是如此。

仁慈主义运动与 17 世纪以来兴起的实验医学有关。在基督教观念的影响下，人们认为动物包括自然界都是为人类服务的。在《圣经·旧约》中有上帝赋予人管理世间的动物的内容。按照《圣经·旧约》的规定，天上飞的鸟，地上爬的野兽，河流里游的鱼都是归人管理的，人可以任意地对动物生杀予夺，人是自然万事万物的管理员（stewardship）。近代自然科学与哲学观念，特别是笛卡尔主义，认为动物没有心灵，没有感觉，感受不到伤害，也感觉不到痛苦。只有人类是有心灵、有意识

① 纳什. 大自然的权利[M]. 杨通进，译. 青岛：青岛出版社，1999：17.

的，人类是大自然的心灵和灵魂，是大自然的拥有者和主宰者。在近代科学主义的主导下，人们为了科学研究进行动物解剖实验，将动物视为研究和解剖的对象，直到今天仍然如此。

仁慈主义反对基督教的动物观念和笛卡尔主义的动物观。仁慈主义思想家认为，动物也是有感觉的，可以感受到痛苦和伤害。洛克认为："善和恶是什么？事物之所以有善恶之分，是因为我们有痛苦或者快乐的感觉。善就是指能产生或增加快乐，或减少痛苦的东西；而恶就是能造成或增加痛苦或者减少快乐的东西，它要么剥夺了我们的快乐，要么给我们带来痛苦。我所说的快乐和痛苦就如同普通区分的那样，有身体和心灵之别。但是实际上，它们只是心灵各种不同的组织，有时这些组织为身体所引起，有时则为心灵的思想所引起。"[①]英国的功利主义哲学家边沁在《道德与立法原理导论》中指出，动物能够感受到痛苦，一个行为的正确与错误取决于它所带来的快乐和痛苦的多少，而且增加快乐和减少痛苦的最大幸福原则也可以运用到动物身上。一个有道德的人或有道德的社会应该最大限度地增加快乐并减少痛苦，而不是追究这种快乐和痛苦在什么地方，当然也不能忽略动物的快乐和痛苦。他说："可能有一天，其余动物生灵终会获得除非暴君使然就决不可能不给它们的那些权利。法国人已经发觉，黑皮肤并不构成任何理由，使一个人应当万劫不复，听任折磨者任意处置而无出路。会不会有一天终于承认腿的数目、皮毛状况或骶骨下部的状况同样不足以将一种有感觉的存在物弃之于同样的命运？还有什么别的构成那不可逾越的界限？是理性思考能力？或者，也许是交谈能力？然而，完全长大了的马和狗，较之出生才一天、一周甚至一个月的婴儿，在理性程度和交谈能力上强得不可比拟。但假设是别种情况，那又会有什么用？问题并非它们能否作理性思考，亦非它们能否谈话，而是它们能否忍受。"[②]哈姆福里·普来麦特(Humphrey Primatt)博士的一篇题为《论仁慈的义务和残酷对待野生动物的罪孽》的论文，将人对待动物的残忍看作是一种罪孽或人所犯的一种错误。因为从宗教的观点看来，所有的生命都是上帝创造的杰作，都应该为人所珍视，对动物的残忍行为是亵渎神的和不虔诚的行为。仁慈主义通过论证动物具有感知痛苦的能力来论证人伤害动物在道德上是错误的。

---

① 洛克.人类理解论[M].关文运，译.北京：商务印书馆，1998：87.
② 边沁.道德与立法原理导论[M].时殷弘，译.北京：商务印书馆，2005：349.

仁慈主义的第二层面是通过对动物权利的论证来说明伤害动物在道德上是错误的。英国的仁慈主义者亨利·塞尔特(Henry Salt)在1892年出版了《动物权利与社会进步》一书。他把古老的天赋权利论与18、19世纪的自由主义融为一体。他认为道德共同体的范围需要扩展,动物和人一样都拥有同样的生存权和自由权,他甚至把动物称为"准人类"。但只有人才有是非观念,动物自己无法以伦理的方式去行动。尽管是从动物权利论的立场出发,但是塞尔特认为动物的解放取决于人的道德潜能的充分发挥,取决于人类变成"真正的人",人类社会的进步与动物的解放是相伴而行的。他在《文明的残酷性》(1897)一文中指出:"把人从残暴和不公正的境遇中解放出来的过程将同时伴随着解放动物的过程。这两种解放是不可分割地联系在一起的,任何一方的解放都不可能单独完全实现。……只有把同一民主精神扩展开来,动物才能享受'权利',这种权利是人们通过长期艰苦卓绝的斗争才争取到的。"①

2. 美国仁慈主义运动的动物伦理实践

在美国的西进运动中有探险者、自然主义者和为获取皮毛的狩猎者。自然主义者在和皮毛狩猎者的接触以及对自然的了解过程中,对待随意猎杀动物的态度发生了变化。从猎杀野生动物取乐,到冷漠对待猎杀野生动物,再到认为不应该随意地猎杀野生动物,自然主义者渐渐开始反对滥杀野生动物,认为猎杀野生动物是对上帝财产的一种无用和不必要的浪费。猎杀野生动物的行为已经和人的态度、道德品质及其相关道德理由联系起来。

1793年,美国自然神论者托马斯·潘恩(Tomas Paine)认为人与人之间的任何残害和报复行为,以及对动物的任何残酷行为,都是违背道德义务的。一个有道德的人应该尊重各种各样的生命,包括动物的生命;残害生命的行为,即使是对动物生命的残害在道德上也是错误的。在伦理道德基础上的价值澄清将促使其观念法律化和制度化,他的思想最终促成了当时几个州制定了反对虐待动物的法律。"同样,受英国仁慈主义及洛克思想的影响,亨利·贝弗(H. Bergh, 1811 - 1888)也指出,一个残酷对待动物的人会道德堕落,一个不能阻止其成员残酷对待动物的民族会殃及自身,甚至导致其文明的衰弱与退化。他呼吁人们善待动物,并于

---

① 纳什.大自然的权利[M].杨通进,译.青岛:青岛出版社,1999:33.

1866 年成立了‘禁止残害动物美国协会’，该协会发表了一份前所未有的‘动物权利宣言’。1868 年，乔治·安吉尔（G. T. Angell）成立了‘禁止残害动物马萨诸塞州协会’。7 年后，成立了‘美国仁慈教育协会’，该协会的座右铭是：‘荣显上帝，热爱和平，友好、公正、仁慈地对待所有的动物。’《汤姆叔叔的小屋》的作者哈里特·比切·斯通（H. B. Stowe）也加入了仁慈主义运动。她的兄弟也呼吁‘所有善良的人都承担起自己的仁慈使命’，即促进动物权利的使命。”①

3. 仁慈主义环境美德思想分析

许多环境伦理学家指出仁慈主义具有人类中心主义的倾向。按照当代激进主义的环境伦理学家所暗含的理论评价标准，只有彻底地脱离人类中心主义，承认动物的内在价值和自然权利，以生态为中心的生态中心主义才是环境伦理学的圭臬，在这个意义上，仁慈主义运动似乎要被打上不彻底的半截子的环境伦理思想烙印。王正平就认为：“这一时期的仁慈主义者主要是从人的角度出发来关心动物，也就是洛克所关心的问题，即：对动物的残忍很容易演变为对人的残忍；仁慈主义者所关注的是麻木不仁的人——对施加在动物身上的痛苦的麻木，而非动物本身的痛苦。这使得早期的动物保护伦理和仁慈主义运动带有浓厚的人类中心主义色彩，在环境伦理由人类中心主义走向非人类中心主义的今天，这一理论及其运动遭到了人们的批判与反对。”②克里考特也对仁慈主义提出批评，他批评的理由有两点：一是从生物学的角度，痛苦和感受痛苦的能力并不是应该保护动物的道德理由。在他看来，痛苦是生物机体的正常反应，是对生命机体的一种提示，有利于有机体的整体平衡。一味追求幸福是不可能的而且是危险的。二是从自然整体主义的角度，对动物个体价值和权利的关怀不是终极的，应该以利奥波德的大地伦理为基础，以整个生态系统的平衡为目标。某个物种在生态系统的过多繁殖会引发生态灾害，人不应该简单地看待对动物个体的仁慈。

早期环境伦理学家对仁慈主义虽然进行批评或者表示担忧，但是从环境美德研究的角度来看，仁慈主义运动从理论和实践方面都具有环境美德思想的萌芽。在理论方面，洛克认为折磨动物会养成人的残暴之心，爱护动物会使人成为有责任

---

① 王正平. 环境哲学——环境伦理的跨学科研究[M]. 上海：上海人民出版社，2004：162.
② 王正平. 环境哲学——环境伦理的跨学科研究[M]. 上海：上海人民出版社，2004：164.

感的社会成员。塞尔特认为一个真正进步的社会是能够使动物的权利得到保护的社会,同时也是能够培养具有爱心、怜悯、关爱和同情等道德品质的人的社会。仁慈主义将人对待动物的态度与人的道德品质联系起来,这种将动物保护的伦理基础和实践主体诉诸人以及人的德性的思路具有环境美德的思想萌芽。在实践方面,仁慈主义运动不仅促进了当时的动物保护实践,对当代的中国社会仍然有现实意义。从清华大学刘海洋"硫酸泼熊"事件引发的社会争议,到2007年农历鸡年因禽流感事件而引发对饲养场的鸡的命运的关注,再到复旦大学女生"虐猫事件"以及2011年春节"训练金鱼"的魔术表演引发的争议,乃至2011年发生的动物保护志愿者在高速路上救流浪狗的事件,都表明了仁慈主义的思想萌芽在动物保护实践中的体现。从目前公众对环境伦理理论的接受度来看,尽管非人类中心主义的环境伦理学家所声称的自然权利和自然内在价值理论一直占据着环境伦理学理上的道德制高点,但是在实际的道德实践中,从人本身的道德品质和道德素养角度评价其对动物保护的态度更能激发公众的关注和行动。在这些道德实践过程中,人们的道德评判的焦点仍是在人的道德,人性的问题。故仁慈主义落脚于人之德性的动物保护思想是一种可资借鉴的环境美德思想。

三、深生态学的环境美德思想

深生态学(Deep Ecology)是由挪威著名哲学家阿恩·奈斯创立并由比尔·德维尔(Bill Dewall)和乔治·塞申斯(George Sessions)等几位哲学家共同发展的现代西方环境伦理学重要理论流派之一。1973年,奈斯在《浅层与深层:一个长序的生态运动》一文中对"浅生态运动"(The shallow ecology movement)和"深生态运动"(The deep ecology movement)作了区分。他认为浅层的生态运动仅仅反对资源枯竭和环境污染,仅仅考虑发达国家的富人阶层的利益,而深层生态学则从政治、经济、价值观和世界观等文化层面进行彻底的深入的反思。深层生态学的理论主要包括"最高前提"、"生态智慧"、"纲领或原则"三个部分。其中"生态智慧"(ecosophy)包括两个终极规范:生命中心平等(biocentric equality)和自我实现(self-realization),关于自我实现的内容包含着丰富的环境美德思想。

1. 伦理视角的自我实现与美德

恩斯特·卡西尔(Ernst Cassirer)曾经指出:“认识自我乃是哲学探究的最高目标——这看来是众所公认的。在各种不同哲学流派之间的一切争论中,这个目标始终未被改变和动摇过:它已被证明是阿基米德点,是一切思潮的牢固而不可动摇的中心。”①自我实现是心理学、哲学、伦理学和其他学科共同研究的对象。在心理学方面,马斯洛和罗杰斯将自我实现定义为“使自己成为自己可以所是的冲动”,自我实现是心理学意义上的成长和成熟,它代表了人类潜能的觉醒和显现。在宗教学方面,印度教的自我实现指的是一个深刻的精神觉醒或精神体验,指人从一个错觉的、梦幻的自我认同图像(ego)达到本真的(true)、神圣的(devine)和完美的(perfect)状态下的自我认同。印度宗教中的吠檀多(古印度哲学中一直发展至今的唯心主义理论)尤其发展了这个概念,印度的瑜伽活动也有通过沉思达到自我实现的思想。

心理学和宗教学的研究本身带有一定的哲学意蕴,使自己成其为自己所是和对神圣、完美、本真的自我认同对哲学上探寻“什么是人”、“人如何自我认同”提供了理论基础。伦理学特别是美德伦理学认为,人是以理性和德性确证自身的,人之所以为人除了理智上的优长以外,还有德性上的卓越(excellence),类似亚里士多德所说的人的活动是灵魂合乎逻各斯的实现活动,人在德性上的卓越和繁盛是人之为人最重要的特征。自我实现不仅有心理学上对人的潜能的实现,宗教学上通过沉思达到的心理体验,还有以这两者为基础的伦理学上的自我实现,即人的灵魂的活动合乎逻各斯,合乎德性的实践活动,在这个过程中达到了对人类的卓越和繁盛的追求。人成为有德性的人,人的活动过得好,实现得好,达到了至善即幸福的境界,这是伦理学意义上的自我实现,成为有德性的人、使人类的实践活动达到好(善)的人是自我实现的人。

2. 深层生态学的自我实现是环境美德

深层生态学的自我实现是在批判继承传统的自我实现观念基础上展开,提出在自然生态向度的自我实现。首先,奈斯批判了对自我实现定义的思维框架和方

---

① 恩斯特·卡西尔. 人论[M]. 甘阳,译. 上海:上海译文出版社,1985:3.

法论的局限性。他说："在西方现代工业化的状况下流行的是个人主义和功利主义的政治思维，'自我实现'(self-realization)、'自我表现'(self-expression)、'自我利益'(self-interest)通常被用来假设不同个体的最大的和广阔的不可调和的利益。"[①]在个人主义和功利主义主导下，自我实现常常被视为个体的、单个的、与他人无涉的个体利益的实现。奈斯认为，深生态学的自我实现是使人认识到自己是整体的一部分，自我与社会以及生态系统中的自然万事万物都有着千丝万缕的联系，自我实现不是割裂的自我利益的实现，而是与其他存在物之间的共生。"有另外关于自我实现的理论是基于这样的假定，即如果不与他人分享快乐和痛苦，则自我实现不可能形成。或者更为基本的，如果不将孩子从比较狭隘的自我(narrow ego)置于一个大写的自我(Self)理解，即由所有的人类组成复杂结构中，则无法达到自我实现。生态运动，恰如早期的哲学运动一样，对自我实现的发展是希望人们在对所有生命更加深刻的认同基础上来实现自我。"[②]

其次，在整体主义、普遍联系以及生态平衡的思想指导下，奈斯论述了人类自我意识的实现过程，即从本能的自我(ego)到社会的自我(self)再到生态自我(Self)。生态自我是在与生态系统和自然环境的相互联系中实现的。在自然中可以看到作为自然之要素的"自我"，在"自我"中可以看到与自然的千丝万缕的联系。奈斯说："所谓人性就是这样一种东西，随着它在各方面都变得成熟起来，我们就将不可避免地把自己认同于所有有生命的存在物，不管是美的丑的，大的小的，是有感觉无感觉的。"[③]自我实现的过程是人类自我认同的对象范围不断扩展的过程。当人类将自我认同扩展到自然界的万事万物，人类会越来越深刻地认识到自己是大自然整体的一部分，是与自然生态系统的存在物密切相关的存在物。人类的自我实现是自然生态系统中的一部分(人在自然之中)和自我中包含着自然生态系统因素的(自然在人之中)。人的自我实现有赖于其他存在物的自我实现。所以，自我实现就是生存和让它者生存(live and let live)。德维尔和塞申斯形象地把

---

① Bill Devall, George Sessions. Deep Ecology: Living as if Nature Mattered [M]. Layton, UT: Gibbs M Smith, 1985: 179.

② Bill Devall, George Sessions. Deep Ecology: Living as if Nature Mattered [M]. Layton, UT: Gibbs M Smith, 1985: 179.

③ Neass A. Self Realization: An Ecological Approach to Being in the World [M]// Sessions G. Deep Ecology for the 21st Century. Boston: Shambhala Publications, 1995: 225 - 239.

自我实现的过程概括为一句话："谁也不能得救，除非大家都得救。"[1]这里的"谁"不仅指单个的人，也包括全体人类、鲸、灰熊、整个雨林生态系统，以及山川、河流、土壤中的微生物等。奈斯多次强调，最大限度的自我实现离不开最大限度的生物多样性，生物多样性保持得越好，自我实现就越彻底。

深生态学的自我实现思想具有多重内涵，其中既包括生命潜能实现的意义，也包括诸如印度教中的自我(atman)的精神体验的内容。自我实现的目标与美德伦理学追求人类的繁盛和卓越具有一致性，在各种文化元素中的自我实现皆具有向善甚至是至善的道德意义。深层生态学自我实现的美德意义有：(1)自我实现的道德对象范围的拓展。从抽象的自我实现到在社会中自我实现，再到将自我实现拓展为整个生态系统中所有存在物共同的生命潜能的实现，自我实现体现出生态主义特色，因此深层生态学的自我实现是具有环境美德意义的自我实现。(2)自我实现的方法是体验自然的神秘、生命的平等以及在生态系统的整体中实现自我。深层生态学的自我实现不是狭隘地在人类世界中谈论幸福、繁盛和卓越，而是在生态系统中，在与自然存在物的紧密联系中，在关爱自然以及平等对待生命的基础上体现人之环境美德。

第二节 中国传统环境美德思想

关于中国传统文化中的环境伦理/生态伦理思想，学术界已经有一定研究，其中以蒙培元的《人与自然——中国哲学生态观》(人民出版社 2004 年版)、任俊华的《环境伦理的文化阐释——中国古代生态智慧探考》(湖南师范大学出版社 2004 年版)为代表。本研究根据"环境美德"研究主题择取与"人之美德与自然环境"相关的内容进行整理，中国古代哲学生态智慧的宇宙论、本体论以及方法论方面都视作论证的基础。

---

① Bill Devall, George Sessions. Deep Ecology: Living as if Nature Mattered [M]. Layton, Utah: Gibbs M Smith, 1985: 67.

一、“天人合德”的基本思路

中国哲学的基本问题是“究天人之际”，“天人合一”是中国哲学的基本理念。对于“天人之际”的哲学思考，中国哲学与西方哲学有着完全不同的进路和范式。西方哲学研究以自然哲学为进路，采取的是主客二分的思维方式把握客观存在事物的本原；中国哲学则是以道德为进路，采取天人合一的思维方式寻找道德的本体和根源。中国哲学“天人合一”的思想中包含着丰富的环境美德思想资源。

1. “天人合一”的基本理念

“天人合一”思想在中国哲学思想史上是逐步演变产生的，由于对“天”的含义有着多重理解，故而天人合一也有多重意义。崔宜明教授将“天”解释为：自然之天、意志之天和本原之天。自然之天是指与人类社会生活相对应的客观存在的大自然，包括日月星辰、山川河流、树木花草、飞禽鸟兽、风霜雨雪等大自然。意志之天，是指掌握着非人力所能为的最高意志，包括自然界的运行变化和人类的命运。所谓的天意指的就是意志之天，即可以主宰人类命运的最高意志。“皇天无亲，惟德是辅”(《尚书·周书·蔡仲之命》)，“维天之命，於穆不已”(《诗经·周颂·维天之命》)，“天者，百神之君也”(《春秋繁露·郊义》)指的都是意志之天。本原之天，意指自然万物存在的根源，包括人类存在的最高根据，类似于道家所说的“道”。古人有“大哉乾元，万物资生，乃统天”(《周易·坤卦·彖辞》)，“至哉乾元，万物资生，乃顺承天”(《周易·坤卦·彖辞》)，“道之大原出于天，天不变，道亦不变”(董仲舒《举贤良对策三》)，“天命之谓性”(《中庸》)等关于本原之天的表述。

那么，这三种“天”之间的逻辑关系如何呢？哪一个是更根本的“天人合一”呢？季羡林先生说：“东方哲学思想的基本点是‘天人合一’。什么叫‘天’？中国哲学史上解释很多。我个人认为，‘天’就是大自然，而‘人’就是人类。天人合一就是人与大自然的合一。”①季羡林先生所指的“天”就是物质之天、自然之天，是人与自然界的“天人合一”。方克立教授认为：“中国传统哲学中所讲的‘天’，有意志之‘天’、命运之‘天’、义理之‘天’等涵义，但不能否认，它的一个最基本的涵义就是指

① 季羡林.“天人合一”方能拯救人类[J].东方，1993(1)：6.

自然界，即天地之‘天’、自然之‘天’、物质之‘天’。”①在多重“天人合一”的概念中，人与自然界的关系，人与物质之天、自然之天的关系是根本，其他的“天”及“天人合一”的概念都是在此基础上不断衍生出相关涵义的。

人与物质之天、自然之天之间的“天人合一”，不仅是古代先哲的朴素认识，在现代生态学中也得到印证。在生态学看来，整个宇宙大自然是一个由大大小小的生态系统组成的大生态系统，在生态系统中，生命物种和非生命物种之间存在着千丝万缕的联系，人类是整个自然生态系统中的一环，从根本上是源于生态系统和融于整个生态系统中的。在生态哲学的意义上，人出于天而又归于天，人是整个生态系统的一部分。

当代环境伦理学所讨论的“天人关系”指的是人与自然界的关系，自然事物包括风雨雷电、花草鱼虫、山川河流，也指春夏秋冬、日出日落等自然现象。基于环境伦理学在物质之天、自然之天的意义上研究天人关系，许多学者也着眼于发掘中国传统文化中人与自然界的关系。在关于中国传统文化中的生态思想或环境伦理思想研究中，惯常思路是从传统哲学的宇宙观、自然观等方面寻章摘句加以论证，甚至有很多思想观点是比照西方环境伦理学的论点来进行中国文化资源的“发掘”工作。事实上，对中国文化的“天人关系”，如果仅仅从人与物质之天的关系角度来理解的话，无疑把中国文化中丰富的天人思想简单化了。中国古代的“天”除了显现自然规律之外，还具有道德的意蕴，即“道德之天”或“义理之天”。“天”不仅仅是滋养万物的自然资源，也是人的行为依据和道德根源所在。“天”具有道德示范意义，譬如《中庸》讲“诚者，天之道也”，认为天有“诚”的自然规律和“诚”的道德意义，天在这里是一种德性根源和依据，是道德之天。“天人合一”不仅是指在物质自然界中人们体认到自己是自然生态系统的一部分，在日常生活中遵循天道追求生产生活的合自然规律性，同时认识到“天”的德性意义而在精神生活中追求遵循天道的道德意义。环境美德是在这两重的意义上来阐发传统的“天人合一”思想。在自然之天、物质之天的层面，“天人合一”要求做到遵循天道自然规律；在德性之天、义理之天的意义上，“天人合一”要求做到天人合德，即合乎自然规律所蕴含的德性。

---

① 方克立.“天人合一”与中国古代的生态智慧[J].社会科学战线，2003(4)：209.

2. “以物比德”与“道德之天”

道德之天，是指天有道德意志、有德性。天何以具有德性？这与古人对“德”的理解有关。“德”字起初指物的特征或特性，自然界的事物本身具有一些显著的特征，如土地的特征是可以生长万物，玉石的特征是温润光洁，人们在对自然事物的认识中逐渐把握了自然事物的特征。由于古代生产力水平不发达，人们认识自然、改造自然的能力有限，所以在古代图腾、神话、宗教和自然哲学中都有着自然崇拜意识，自然演化为意志之天、命运之天，有天意、天命的意思。后世的人文思想家出于政治目的，赋予自然以政治伦理、道德纲常的意义，自然具有了“义理之天”或“道德之天”的意义。赋予自然以道德伦理意义通常使用以物比德的方法。比较而言，“西方人对山水自然景物的欣赏主要出于两点：一是纯粹欣赏自然的形态美；二是感受与人的心情的契合。……中国人对山水自然景物的欣赏，却寄托着许多道德伦理的内容，所谓‘智者乐水，仁者乐山’即高度概括了中国人的自然审美观，从而使之带有浓厚的‘比德’性”①。

所谓的“以物比德”就是将一些自然事物的运行规律或内在特征赋予道德意义，如古人认为鸡有五德，玉有九德，就是比德手法的运用。“夫玉温润以泽，仁也；邻以理者，知也；坚而不蹙，义也；廉而不刿，行也；鲜而不垢，洁也；折而不挠，勇也；瑕适皆见，精也；茂华光泽，并通而不相陵，容也；叩之，其音清搏彻远，纯而不杀，辞也。”②玉因其特性而具有了“仁”、“知”、“义”、“行”、“洁”、“勇”、“精”、“容”、“辞”等九德。类似于比德于玉，大自然的各种现象和各种自然事物也有不同的“德”，天有天德，地有地德，山有山德，水有水德，时有时德，方有方德，整个自然之天就成为道德之天。

天有天德。“天地之大德曰生”（《系辞下》），“生生之谓易”（《系辞上》），“上天有好生之德”，“道生万物”，“天生万物”等讲的都是天作为世界的本原，是万物生成的本原，生成万物是天之大德。《易传》曰：“天行健，君子以自强不息。”所谓“天行健”，指的是天道刚健，运行不已，天道流行，生生不息。其中道的德性主要表现为“生而不有，长而不宰”。天的德性主要表现为化生万物，运行刚健，生生不息。

---

① 郭之瑗. 试论“比德”性自然审美观[J]. 孔学研究，2000(6)：231.

② 戴望. 管子校正[M]//国学整理社. 诸子集成(第五册). 北京：中华书局，1978：236.

地有地德。“地者，万物之本原，诸生之根菀也，美恶、贤不肖、愚俊之所生也。”①土地孕育万事万物，所有生命由此化生，土地也是人世间的美德和丑恶、圣贤和不孝、愚蠢和聪俊等社会属性道德产生的根源。俗话说“一方水土养一方人”，自然和地理环境所提供的物质环境不仅影响人们的生产生活方式，而且影响着人们的风俗习惯。按照古人的理解，土地厚德载物，用宽厚隐忍、生生不息的美德承载着万事万物的生长变化，不同水土所养育的人们形成不同的风俗习惯、文化风貌和秉性品德，土地是社会性道德的根源。

水有水德。“水者何也？万物之本原也，诸生之宗室也，美恶、贤不肖、愚俊之所产也。”②水与土地一样，是万物的本原，也是“美”、“恶”、“贤”、“不肖”、“愚”、“俊”等诸恶和诸善产生之原因。“夫水淖弱以清，而好洒人之恶，仁也。视之黑而白，精也。量之不可使概，至满而止，正也。唯无不流，至平而止，义也。人皆赴高，己独赴下，卑也。卑也者，道之室，王者之器也，而水以为都居。准也者，五量之宗也。素也者，五色之质也。淡也者，五味之中也。是以水者，万物之准也。”③任俊华教授的解释是：“清水可以洗涤垢秽，如去人之恶，可比仁；水质清白而貌精黑，于物无藏匿，可比诚；水注于器，不论大小，满则止，盈则溢，可比正；水不论方圆曲直，无处不流，致平则止，可比义；水流背高而趋低，可比谦卑；水味平淡，可象征朴素的生活和质朴的品德；水可为万物之准则，万物取平正于水。从水的性能作用中，人们可以感悟出仁义、平正、谦卑、质朴等美德。”④在中国古代的法律文化中，水也被视为具有“法平如水”公平公正的美德。

时有时德。古代人们在对自然的体悟中，对时间和空间的研究也赋予德。时间包括时令、时节、时机。“时之处事精矣，不可藏而舍也。”⑤《管子》一书中，星、日、土、辰、月都被赋予道德，日月星辰交会组成不同的德，人们认识这些德之后可以用于指导人们的政治经济活动。此外，除天、地、水、时、方之外，自然界的花鸟鱼虫都有不同的比德，如梅、兰、菊、竹四种植物分别被文人学士比喻为傲骨、清雅、高洁、正直之美德。可以说，中国传统文化中赋予自然事物以人文的、道德的属性对

---

① 戴望. 管子校正[M]//国学整理社. 诸子集成：第五册. 北京：中华书局，1978：236.
② 戴望. 管子校正[M]//国学整理社. 诸子集成：第五册. 北京：中华书局，1978：237.
③ 戴望. 管子校正[M]//国学整理社. 诸子集成：第五册. 北京：中华书局，1978：236.
④ 任俊华，刘晓华. 环境伦理的文化阐释：中国古代生态智慧探考[M]. 长沙：湖南师范大学出版，2004：46—47.
⑤ 戴望. 管子校正[M]//国学整理社. 诸子集成：第五册. 北京：中华书局，1978：16.

环境美德意识的养成具有重要的启示。总而言之，以物比德，赋予自然世界和各种具体的自然存在物以道德意义，中国古代哲学构筑了一个处处有伦理意蕴和哲学智慧的道德之天，道德之自然。

3. “天人合德”与环境美德

以物比德赋予了自然之天以德性，天是“道德之天”。那么，人的道德从何而来，以何为据呢？“人德”与“天德”之间有何联系呢？在中国古代哲学中有“天道设教”的思想，即指人的诸德性都是自然所赐或者是人对天道的效法模仿所得。大自然进行“天道设教”不通过人类的语言方式进行明示，而是通过天气、繁荣、灾异等各种自然现象给人类以启示而使自然成为人类效仿的对象。“天将大常，以理人伦”(《成之闻之》)，人世间的伦理纲常都是自天而降，天安排了基本纲常，以便使人伦按照其理进行。天道设置了君臣、父子、夫妇之间的伦理纲常，将外在于人的自然法则转化为内在的人伦准则。对于天道天德，孔子说“唯天为大，唯尧则之”(《论语·泰伯》)，老子说“人法地，地法天，天法道，道法自然”(《老子》第二十五章)。人之美德完全在于参悟天地的德性，然后按照天地大德进行道德修养。君子顺从天德，将天道与人伦和谐统一；小人扰乱天之纲常，忤逆天道。所谓“圣人者，原天地之美而达万物之理。是故圣人无为，大圣不作，观于天地之谓也”(《庄子·知北游》)，圣人能够按照天的运行规律和道德品性来法天法道，养成君子之德性。《易经》云：“天行健，君子以自强不息；地势坤，君子以厚德载物。”天道刚健，运行不已，君子当以天为法，自强不息；大地平铺舒展，顺承天道，君子应取法于此，以深厚的德行来仁爱万物。至此，在道德之天的意义上，“天人合一”便成为“天人合德”。所以，《易经》有“夫大人者与天地合其德，与日月合其明，与四时合其序，与鬼神合其吉凶，先天而天弗为，后天而奉天时”。《易经》的这段话是最早论述“天人合德”命题的，“这种‘天人合德’关系包括了四种相‘合’关系：与天地同德，厚德载物；与日月同辉，普照一切；与四时同律，井然有序；与鬼神同心，毫无偏私。这实际上将‘大人’(君子、大丈夫)的个人品格及其为人处事的高尚行为作了全面的概括。只有具备这四种德行的人，才是真正的‘大人’(君子、大丈夫)”①。

---

① 任俊华，刘晓华. 环境伦理的文化阐释：中国古代生态智慧探考[M]. 长沙：湖南师范大学出版社，2004：17.

天德乃大自然运行的规律及其所彰显的德性，人要效法天地而自我修养成人道人德，追求“天人合德”。那么，“天道”与“人道”，“天德”和“人德”有何类似性和相通性，才能达到“天人合其德”呢？《中庸》云：“诚者，天之道也。”“天命谓之性”，天道在于诚，是“人性”的来源和赋予者。天性和人性具有类似和相通之处。“自诚明，谓之性；自明诚，谓之教。诚则明矣，明则诚矣。唯天下至诚，为能尽其性；能尽其性，则能尽人之性；能尽人之性，则能尽物之性；能尽物之性，则可以赞天地之化育；可以赞天地之化育，则可以与天地叁矣。”这里不仅提出了“天人合德”的可能性，而且提出了“尽心—知性—知天”的“天人合德”的方法论。

有学者指出，中国传统哲学中“天人合一”有“尽心—知性—知天”的内省察路线、“制天命而用之”的外行动路线、阴阳五行的宇宙系统论路线、“通天下一气”的宇宙生成论路线、“道通天地”的本体论路线等五种“合”的路线。① 五种路线中，“尽心—知性—知天”的内省察路线是道德哲学的路线，孟子对此路线有详细阐明。《孟子·尽心上》云：“尽其心者，知其性也；知其性，则知天矣。存其心，养其性，所以事天也；殀寿不贰，修身以俟之，所以立命也。”天人合德的要旨在于从“心”出发。孟子的“心”是“恻隐之心”、“是非之心”、“羞恶之心”、“辞让之心”。“性”是指的以“四善端”为基础的“仁”、“义”、“礼”、“智”。通过对内在善心的省察思考，便可得知人性中之仁义礼智等善性。体察人性中自己的善心和善性，便可以逐步知道“天”的大仁大德，进而达到天人合德的境界。《尊德义》云：“察者出，所以知己。知己所以知人，知人所以知命，知命而后知道，知道而后知行。”这种知己、知人、知命、知道，然后知行的过程，是从主体内在的德性出发而达至外在德行的“天人合德”的方法。

“天人合德”是中国古代道德哲学寻求道德本原和道德形而上的一种方法论。事实上，这种论证方法存在着循环论证的缺陷，即先将人世间的道德范畴赋予天，参照人间的伦理道德将物质之天伦理化为道德之大原，进而将天之大德作为人伦道德的本原和依据，论证人应该如何向天学习，如何顺从自然，如何遵守道德规范和养成道德品格，这种论证的实质是循环论证。但无论如何，相对于现代人将自然视为纯粹为己所用的自然资源的思想，以物比德进而追求“天人合德”的思想有保

---

① 康中乾，王有熙.中国传统哲学关于“天人合一”的五种思想路线[J].陕西师范大学学报：哲学社会科学版，2011，40(1)：43—52.

护自然的潜在积极意义，特别是儒家思想将个人的道德品质与自然，与天、地、宇宙相关联，对个人的品德修养有重要意义。在“天人合德”的基本理念指导下，中国古人阐发了大量有德性的人应该如何对待自然的思想，阐发了许多“人之德”与“自然之天”关系的思想。

二、“德物关系”思想片断

环境美德是从美德伦理角度考察人与自然之间的伦理关系，在“天人合德”的基本理念下，许多思想家论述了人应该如何有道德地对待自然事物并形成自身美德的思想，如“厚德载物”、“仁民爱物”、“民胞物与”等，本文在此作简单梳理。

1. 厚德载物

“天行健，君子以自强不息；地势坤，君子以厚德载物”是《易经·象辞》中的两句话，分别是对易经六十四卦的第一卦“乾”卦和第二卦“坤”卦的解释。“乾”卦的卦文为：“乾，元亨，利贞”，乾卦是大吉大利的卦象。《易经·彖辞》曰：“大哉乾元，万物资始，乃统天。”意思是上天的开创之功居功至伟，万物依赖它获得生命的胚胎，它们统统属于上天。《易经·象辞》曰：“天行健，君子以自强不息”，意思是天道运行刚健，君子应以天为法，自强不息。“坤”卦的卦文为：“坤，元亨”，也是大吉大利。《易经·彖辞》曰：“至哉坤元，万物资生，乃顺承天。坤厚载物，德合无疆。”其意思是：“崇高呵，大地的开创之功。万物依赖它获得生命的基础。它顺承天道的变化。大地厚实，承载万物。大地美德，广大无垠。它蕴藏深厚，地面辽阔，各种物类皆得其所。”①《易经·象辞》曰：“地势坤，君子以厚德载物”，意思是大地的形势平铺舒展，顺承天道，君子应取法于地，以宽厚的德行来承载世间万物。

“自强不息，厚德载物”是指君子学习天道刚健运行，大地博大宽厚、承载万物的美德，是古人对天道自然“尚德载”思想的反映。《周易·小畜》卦上九爻有“既雨既处，尚德载”。“既雨既处”是指的自然界该下雨的时候下雨，该停止的时候停止，人们具有高尚的道德能够顺从天的规律，并且对人有道德，对万物也讲道德。《小畜》的《象辞》解释为“德积载也”，是指人类能够效法大地，“载”，包容，容让，承当，

① 徐子宏.周易全译[M].贵阳：贵州人民出版社，2009：16.

对“物”，即自然界的万事万物也讲道德。“厚德载物”从效法自然界、效法大地的美德逐步引申为君子在处理人际事务时所应该具有的道德素养。“厚德载物”的美德包含三重意思：首先，“厚”德包括宽厚、宽容、大度、包容的意思，具有宽厚隐忍包容美德的君子能够胸怀宽广，包容他人他物，能够有大地一般宅心仁厚的品质，厚实而不虚华的美德。其次，“载”物，大地承载万物、哺育万物成长的精神具有“爱”和“责任”的意识。在古代神话中，泥土造人神话和土地的母亲形象用来比喻大地生育和哺育的品德精神，这是一种“载物”的精神，是用慈爱的精神哺育万物，勇于担当负重的精神。君子具有厚德载物的精神，要对他人和自然万事万物体现出包容、慈爱、涵育和担当的精神。再次，君子效仿大地的厚德载物精神，还应该培养无私和公正的美德。大地作为母亲，无私地奉献和养育万物；大地承载万物时表现出公正不偏的精神，对在大地上自然生长的万物，没有对特别物种的偏爱，而是公正平等地包罗万事万物的生长，天地无私奉献的精神也成为君子体悟“厚德载物”的精神源泉。

根据“厚德载物”的意蕴，君子在对待自然事物时应该具有能够包容万物的多样性成长的美德。自然界本身就具有丰富多样的物种，物种多样性构成了生态系统的平衡稳定。在实际生活中，人类往往由于对某些物种的偏爱或对某些物种的不喜而采取违背自然的规律的做法，如美国的农场主曾经为了鹿和羊的生存而大肆消灭狼。厚德载物的君子会像自然一样保持物种的多样性成长，有宽厚的包容之心对待自然界的万事万物，而不以自己的私利或偏狭的爱好来干预万物。君子效法大地的宽厚和仁爱，以促进万物的生长为担当，不破坏自然的生长。当前草场退化，土地沙化、盐碱化，土壤污染等生态环境问题已经严重地伤害了大地承载万物的能力，从科学上讲是大自然的生态生产力受到破坏，从君子的美德角度讲则是厚德载物精神的缺失。

2. 仁民爱物

“仁民爱物”是儒家提倡的与环境美德有关的伦理精神之一。“仁”是儒家伦理的核心，孔子曰：“仁者爱人”，儒家重视人与人之间的相互关爱的仁爱之情，此外还要求对待自然界的生命和事物也要体现出道德上的关爱。孔子说：“智者乐山，仁者乐水。”孟子曰：“君子之于万物也，爱之而弗仁。于民也，仁之而弗亲。亲亲而仁民，仁民而爱物。”（《孟子·尽心上》）意思是，君子对于树木花草、飞禽走兽等自然万物，仅仅以简单的爱护而不施以仁德是不够的；对于老百姓，仅仅施以仁德而不能像对待亲人那样对待他们是不够的。君子因至爱亲人而仁爱百姓，因仁爱百姓而博爱万物。在孟子那里，有德之君子由爱亲人而爱百姓，由爱百姓而爱万物，彰显君子仁民爱物的美德。

孟子仁民爱物的哲学基础是儒家的性善学说。孟子认为“人皆有不忍人之心”，“见孺子将入井也，必有恻隐之心”。齐宣王有不忍人之心，见牛不杀而易羊，孟子对此评论说：“无伤也，是乃仁术也，见牛未见羊也。君子之于禽兽也，见其生，不忍见其死；闻其声，不忍食其肉。是以君子远庖厨也。”（《孟子·梁惠王上》）“君子远庖厨”也是君子仁心善性，仁民爱物的体现。“仁民”与“爱物”是统一的。孟子曰：“不违农时，谷不可胜食也。数罟不入池，鱼鳖不可胜食也。斧斤以时入山林，材木不可胜用也。谷与鱼鳖不可胜食，材木不可胜用，是使民养生丧死无憾也。”（《孟子·梁惠王上》）君子仁爱万物，则物产丰盛，百姓生活富足，通过“爱物”而达致“仁民”。孟子曾问齐宣王：“今恩足以及禽兽，而功不至于百姓者，独何与？”（《孟子·梁惠王上》）孟子之问的意思是，当君王的恩德足以惠及禽兽却不能使百姓得到好处的话，“爱物”而“仁民”的目的就未达到。在孟子那里，“亲”、“仁”、“爱”都是一种爱心，但是在针对不同对象时其具有不同的美德。“亲”是对亲人的美德，“仁”是对民众的美德，“爱”则是对万物的美德。虽然孟子的主张存在“爱有差等”，但从人际伦理最核心的亲情至爱推及到对自然界的万事万物的大爱，相较于那种认为道德只适用于人与人之间的伦理观念，孟子“仁民爱物”的思想有一定的超越性。

孟子之后，受儒家思想影响的古代思想家继承并发扬了“仁民爱物”的思想。唐代大诗人杜甫“对自己乘坐的老马生病时的感情，令人眼热鼻酸：‘乘尔亦已久，天寒关塞深；尘中老尽力，岁晚病伤心；毛骨岂殊众，驯良犹至今；物微意不浅，感动一沉吟。’他不忍卖掉他养的鸡，简直像个呆子、孩子：‘吾斥奴人解其缚’、‘不知鸡卖还遭烹。’他甚至在家里筑稻场时还担心毁了蚂蚁窝：‘筑场怜穴蚁’。他见鹦鹉被关在笼里，像自己受到伤害：‘未有开笼日，空残旧宿枝。世人怜复损，何用羽毛奇？’他对在长江里滥捕黄鱼、白小（二寸长的白色小鱼）的人，叱责为不义：‘长大不容身’，‘尽取义如何？’杜甫对猎杀林泽动物以为口福的‘上等人’，怒斥之为盗贼：‘衣冠兼盗贼，饕餮用斯须！’……他出门游山，爱春日暖：‘暮年且喜径行近，春日兼蒙暄暖扶。’他赏景归来，与鸟倾心：‘入林解我衣……好鸟知人归。’他散步生怕踩了草：‘楚草经寒碧……步履宜轻过。’他走路又怕伤了树，宁愿低头过，‘交柯低几杖’”①。杜甫的思想体现了儒家“仁民爱物”的思想，也体现为君子的环境美德。

3. 常善救物

“常善救物”语出《老子》第二十七章：“善行无辙迹；善言无瑕谪；善数不用筹策；善闭无关楗而不可开；善结无绳约而不可解。是以圣人常善救人，故无弃人；常善救物，故无弃物。是谓袭明。”“常善救人”指的是圣人如何处理自我与他人之间的关系；“常善救物”指的是圣人如何认识和处理自我与自然事物之间的关系。陈鼓应在《老子注释及评介》中的注解是：“善于行走的，不留痕迹；善于言谈的，没有过失；善于计算的，不用筹码；善于关闭的，不用栓梢却使人不能开；善于捆缚的，不用绳索却使人不能解。因此，有道的人经常善于做到人尽其才，所以没有被遗弃的人；经常善于做到物尽其用，所以没有被废弃的物。这就叫做保持明境。”②《老子》在列举了“善行”、“善言”、“善数”、“善闭”、“善结”、“善救人”等表现后提出的问题是，要成为一个善于处理人与自然事物关系的圣人，该具有什么样的高明的能力和高尚的品德呢？老子的看法在于“救物而无弃物”。“‘救物’不是别的，就是去辅佐、辅助事物。一个辅佐事物的人不能对于事物有任何强作妄为，只能顺应事物的自然本性，这也就是老子所说的‘辅万物之自然而不敢为’（《老子·六十四章》）。”③

“常善救物”、“辅万物之自然”是道家认为圣人所具有的“道法自然”、“物我合一”、“顺应自然”之美德的体现。“道法自然”，是指道家“天人合德”的思想。在道家看来，天“生而畜之，生而不有，为而不恃，长而不宰，是谓玄德”（《老子》第十章）。道生万物而不占有万物，为万物谋利而不自恃有功，壮大万物而不谋主宰万物，这就是隐而不现的最高的玄德。对于有德性的圣人来说，体悟到天道流行的隐秘规律，必然能参悟“道法自然”的真谛，将其转化为自己的德性。老子有云：“天长地久，天地所以能长且久者，以其不自生，故能长生。是以圣人后其身而身先；外其身

---

① 何国瑞. 论杜甫仁民爱物的思想[J]. 武汉大学学报：哲学社会科学版，1996(3)：74—75.
② 陈鼓应. 老子注译及评介[M]. 北京：中华书局，1984：176.
③ 吴先伍. “常善救物，故无弃物”中的生态智慧[J]. 南京林业大学学报：人文社会科学版，2010，10(2)：19.

而身存。非以其无私邪？故能成其私。”（《老子》第七章）天长地久的缘由，在于天地的无私。圣人“后其身”、“外其身”而把自己的私利放在后、置之外，这样顺天法道才达到“天长”、“地久”、“身存”的效果。圣人的“无私”之德乃是体悟到天人之间密切联系的根源。

与老子“常善救物”思想接近，庄子提倡“物我同一”和“顺物自然”的思想。《庄子·齐物论》中讲：“天地与我并生，而万物与我为一。”在庄子那里，自然界的事物是人类生成的本原，人类与自然事物是相类似的、平等的，而最终都统一于整个大自然生态系统。“顺物自然”指的是遵循自然事物的客观规律，不要人为地去扰乱、干扰和破坏它。庄子说：“天下有常然。常然者，曲者不以钩，直者不以绳，圆者不以规，方者不以矩，附离不以胶漆，约束不以纆索。故天下诱然皆生，而不知其所以生；同焉皆得，而不知其所以得也。”（《庄子·骈母》）“天地有大美而不言，四时有明法而不议，万物有成理而不说。圣人者，原天地之美而达万物之理也。”（《庄子·知北游》）“顺物自然”而不伤害万物。“圣人处物而不伤物，不伤物者，物亦不能伤也。唯无所伤者，为能与人相将迎。”（《庄子·知北游》）“常善救物”、“顺物自然”、“万物不伤”、“泛爱万物”（《庄子·天地》）、“常宽容于物”（《庄子·天下》），都是君子处理人与自然事物关系的道德品质，是圣人所体现出来的环境美德。

4. 民胞物与

“民胞物与”语出北宋理学家张载的名篇《西铭》：“乾称父，坤称母；予兹藐焉，乃混然中处。故天地之塞，吾其体；天地之帅，吾其性。民，吾同胞；物，吾与也。”“乾称父，坤称母”，即天地为父母的意思。“予兹藐焉，乃混然中处”，意思是人非常地渺小。混然，合而无间之谓，合父母之生成于一身，合天地之性情于一心也。“故天地之塞，吾其体；天地之帅，吾其性。”王夫之注释曰：“塞者，流行充周；帅，所以主持而行乎秩叙也。塞者，气也，气以成形；帅者，志也，所谓天地之心也。天地之心，性所自出也。父母载乾坤之德以生成，则天地运行之气、生物之心在是，而吾之形色天性，与父母无二，即与天地无二也。”“民，吾同胞；物，吾与也。”张载这段话的意思是：天是父亲，地是母亲，天地是我的父母，我是渺小的，与万物浑然共处于天地之间。充满于天地之间的气体是我的身体；统帅天地的气之性，是我的本性。人民是我的同胞，万物是我的同伴朋友。在这个意义上，作为人要爱天地父母，爱同胞兄弟，爱自然界的同伴朋友，即自然万事万物。

“民胞物与”与张载的气本体论哲学和万物一体的哲学观有关。张载认为充斥于天地之间的是物质性的气，人是气的凝结聚集，自然界的动植物也是由气的积聚凝结而形成。“太虚无形，气之本体；其聚其散，变化之客形尔。”“气聚，则离明得施而有形；不聚，则离明不得施而无形。”“游气纷扰，合而成质者，生人物之散殊。”(《张子正蒙·太和篇》)“动物本诸天，以呼吸为聚散之渐；植物本诸地，以阴阳升降为聚散之渐。物之初生，气日至而滋息；物生既盈，气日反而游散。”(《张子正蒙·动物篇》)气是万物的本原，自然界的人和事物都来源于气，统一于气，故而世间万物息息相通，融为一体，每个人、每个物都以气为根源，离开了这个气，就谈不上任何人和任何物的存在。既然人和自然界的事物都是气聚而成，气散而失，万物从根本上与人类同一的，万物也吸纳和体现天地之道。张载说：“理不在人皆在物，人但物中之一物耳，如此观之方均。”(《张子语录》)天地之道运行的道理在于物的神化和创造，人只是这所有创造物中的一种，只有这样看待世界上的人与自然物的关系才比较合理。而且，“道何尝有尽？圣人人也，人则有限，是诚不能尽道也”(《张子语录》)。在对天道的参悟中，天道变化流行是无始无终、没有边际的，即使是圣人，生命也是有限的，圣人也不能完全达到对天道的理解。那么，“以有限之心，止可求有限之事；欲以致博大之事，则当以博大求之，知周乎万物而道济天下也”(《经学理窟·义理》)。人类以有限的生命，只能求有限的事情。如果想要达到对亘古博大的天地自然的了解，那么就应当以博大的胸怀和德性去求索，明白只有周全地知晓、体认和爱护自然界的万物才可使天下万物受益。

体认万物，张载提出“大其心”：“大其心，则能体天下之物，物有未体，则心为有外。世人之心，止于闻见之狭。圣人尽性，不以见闻梏其心，其视天下，无一物非我，孟子谓尽心则知性知天以此。”(《张子正蒙·大心篇》)世人止于对世界偏狭的闻见之知的了解，用所见所闻的闻见之知使其心受到桎梏，如果能够将天下的所有事物视为一体而不以自我的闻见之知为准，不以自我的利益诉求为目的，那么孟子所谓的尽心至性知天就可以达到了。

在张载那里，具有参悟天地万物道理之美德的人是能够“大其心”的“大人”。“性者，万物之一源，非我有之得私也。惟大人为能尽其道，是故立必俱立，知必周知，爱必兼爱，成不独成。”(《张子正蒙·诚明篇》)意思是说，从本性上而言，万物是由同一个天地所生，天地所赋予的万物本性，并非我之独有。所以圣人能够体悟天道，立人则立万物，知晓人世人道和万物之道，爱人则兼爱万物，成就自己不独成，也成就万物。张载又说："大人者，有容物，无去物，有爱物，无徇物，天之道然。天以直养万物，代天而理物者，曲成而不害其直，斯尽道。"(《张子正蒙·至当篇》)王夫之注释："大人不离物以自高，不绝物以自洁，广爱以全仁，而不违道以干誉，皆顺天之理以行也。万物并育于天地之间，天顺其理而养之，无所择于灵蠢、清浊，挠其种性，而后可致其养，直也。道立于广大而化之以神，则天下之人无不可感，天下之物无不可用，愚明、强柔，治教皆洽焉，声色、货利，仁义皆行焉，非有所必去，有所或徇也。"[1]大人能够容物、爱物、明白"天以直养物"的道理，不盲从于也不损害于自然界的万事万物。

张载从气本体论出发，论述万物平等和万物一体，进而提出"周乎万物道济天下"、"大其心而体天下万物"、"代天而理物，容物爱物"、"民胞物与"的思想，尤其对大人、圣人如何参悟世界万物一体，以高尚的德性对待自然事物进行了分析，张载的思想中包含了丰富的环境美德思想，值得深入研究。

5. 成己成物

"成己成物"语出《中庸》第二十五章："诚者，自成也；而道，自道也。诚者，物之始终，不诚无物。是故，君子诚之为贵。诚者，非自成己而已也，所以成物也。成己，仁也；成物，知也。性之德也，合内外之道也，故时措之宜也。"这句话的意思是：真诚，是自己成全自己；道，是自己引导自己。真诚是贯穿万物始终的天道，没有天道就没有万物。所以，君子以诚为贵。诚并不是仅仅成全和成就自己，还要成全和成就万事万物。成就自己是仁道，成就万物是智慧。结合了自己与万物的内外和合的道，是符合天之本性的道德，适合在任何时候实施。

之所以将"成己成物"思想作为环境美德的思想资源，因为它明确地涉及到了"己"与"物"的关系，而且是从美德的角度谈成就自然，成就万物。"成己"，是中国哲学特别是儒家主体德性的道德追求的目标之一，即个体在道德上能够达到"参天地之化育"的境界。所以有"大学之道，在明明德，在新民，在止于至善"。《中庸》整篇就是论述了如何"以诚明德"，如何做到"正心"、"诚意"、"修齐治平"。在《中庸》中，有两个最核心的概念，即"诚"和"中"。"诚者，天之道也；诚之者，人之道也。诚者，不勉而中，不思而得，从容中道，圣人也。诚之者，择善而固执者也。"意思是：

---

① 王夫之. 张子正蒙注[M]. 北京：中华书局，1975：182.

“诚实是天道的法则；做到诚实是人道的法则。天生诚实的人，不必勉强为人处事合理，不必思索言语行动得当。从容不迫地达到中庸之道，这种人就是圣人。做到诚实的人，就必须选择至善的道德，并且要坚定不渝地实行它才行。”①“自诚明，谓之性；自明诚，谓之教；诚则明矣，明则诚矣。”(《中庸》第二十一章)意思是：“由内心真诚达到明晓道理，这叫作天性。由明晓道理而达到内心真诚，这就叫作教化。内心真诚就会明晓道理，明晓道理就会内心真诚。”“唯天下至诚，为能尽其性；能尽其性，则能尽人之性；能尽人之性，则能尽物之性；能尽物之性，则可以参天地之化育，则可以与天地参也。”(《中庸》第二十二章)意思是只有天下最真诚的人，才能充分发挥天赋的本性；能充分发挥天赋的本性，就能充分发挥天下众人的本性；能发挥天下众人的本性，就能充分发挥万物的本性；能充分发挥万物的本性，就能参与天地养育万物；能参与天地养育万物，就能与天地并立为三了。冯友兰先生将人生的境界划分为功利境界、道德境界、自然境界和天地境界。君子本着真诚的心领悟天地之大道，效仿天地之规律，修养天地之大德，其孜孜以求的就是能够达到具有自然境界和天地境界的大人、圣人、贤人、君子的道德人格，是为“成己”。

“成己”类似于自我实现，不同于西方的心理学上的自我实现和宗教体验方面的自我实现，中国传统哲学中的自我实现、成就自己是从道德修养上“参天地之化育”的角度来实现的。成就自己包含心理学的需要满足和宗教学的神秘体验，但更多体现的是一种道德理性。“成己”是一种内在的道德追求和精神活动，是向内的省察、修养和磨砺的功夫。“成物”，在通常的意义上是指向外的实践活动。中国传统哲学主张天人合一，万物一体，物我同一，所以“成己”必然离不开“成物”，成物是成己的外在路向，所以圣人不仅内求成己，而且外求成物，达到成己和成物的统一，内圣与外王的统一。“传统儒家成己成物观的核心就是：成己在成物之中，成物在成己之中；成己必须同时成物，成物必须同时成己；有美德之人必然善待万物、以尽物之性，能够善待万物、尽物之性之人必然是有美德之人；成己与成物两者是不可分割且辩证统一联系在一起的。”②

环境美德研究的就是有德性的人如何看待自然界的事物，如何善待和爱护自

① 中庸[M].太原：山西古籍出版社，2001：138.

② 曹孟勤.在成就自己的美德中成就自然万物——中国传统儒家成己成物观对生态伦理研究的启示[J].自然辩证法研究，2009，25(7)：110.

然事物。“成己成物”中具有的环境美德伦理意蕴有三层：其一，“物”作为德性所关涉的对象。近代西方伦理学主客二分，人与自然二分的世界观下，西方环境伦理学家论证人际伦理拓展向人与自然之间伦理的可能性。这个问题在主张万物一体、物我合一的中国传统伦理思想中根本不是问题，物因其在本体上与人同一同源而自然而然地内在地具有道德地位。其二，圣人对物的道德关怀不是将其作为实现人之目的的工具价值而存在，在一般性的关爱、善待的基础上还要使物体现天道天德，成就物的本性，顺从物的自然而成就事物本身，借用西方环境伦理学家的说法可以说是尊重物的内在价值并使物达到其自身的实现。其三，“成物”与“成己”须臾不可分。当代社会，正是人们对自然事物的滥用、践踏和破坏，对整个自然生态系统的破坏，使人自身也遭遇了道德的败坏和精神的失落。自然是人类的精神家园，自然禀赋毁灭后人的精神世界呈现空虚、失落、抑郁等，这可以解释随着物质生活的丰富而人类的精神生活并未体验到相应的幸福感，反而带来心理上的焦虑、压抑等问题。故而，“成己成物”的思想对今天的环境保护依然具有深刻的意义。

6. 无情有性

中国佛教是中国传统文化的组成部分。佛教对万物的看法是“心中有佛，万物皆佛”，“人人皆可成佛，万物都有佛性”。佛教伦理中包含着丰富的环境伦理思想，可以作为环境美德的思想资源。

佛教生态观的理论结构可大致概括为：“由‘缘起论’而阐发的‘整体共生生态观’——由‘众生平等’而阐发的‘生命价值伦理’——由‘因果业报’而阐发的‘生态责任伦理’——以及落实于戒律规范的‘戒杀、护生’的生态伦理实践。相对于其他生态伦理思想，佛教生态伦理思想是一种从属于内在信仰需要的伦理实践，其实践特征在于‘心净则国土净’的‘内外兼修’方式。”①从佛教生态观以及伦理实践中，可以引申出佛教的环境美德思想。

首先，缘起论认为世间没有固定存在的实体，万事万物都是各种条件变化而成的相状，条件变化时事物也发生变化。在这个世界上，独立存在的、永恒不变的实体是不存在的，任何东西都是偶然因素机缘巧合而形成的，即“万法无常无我”。因

① 唐忠毛. 佛教生态伦理核心及其现代诠释[EB/OL]. 佛教在线，[2008 - 10 - 27]. http://www.fjdh.cn/wwm/n/2009/04/07425474755.html.

此，佛教要求破除“我执”，以“无我”的态度来面对大千世界。“我执”正是人类中心主义的核心思想，执着于对人类的自我、人类利益的满足而对自然界的万事万物进行超限度的利用和破坏。佛教徒不执着于自我，能够理解到人与自然之间的关系是因陀罗网的关系，在自然界的万事万物中你中有我，我中有你；相互交错，相互联系；互为因果，互为表里；互相涵摄，互为条件。当自然界的一个物种消失的时候，人类和其他事物兴起的“缘”可能发生变化而影响到更多的事物。由此，作为佛教徒体现佛性（也是德性）的一种品质就是破除“我执”，达到“无我”的境地。

其次，佛教主张“众生平等”，“无情有性”。对于成佛的问题，佛教主张“人人皆可佛，万物皆有佛性”，天台宗湛然将其表述为“无情有性”，即天地间的万物包括草木、山川、大地、瓦砾都有佛性。“青青翠竹，尽是法身；郁郁黄花，无非般若。”在佛性上万物平等，众生平等，所以人类不能为了自己的利益而戕害其他生命以及其他生命与人类共有的自然环境。因为众生平等，六道轮回，所以对佛教徒的要求是不杀生。学佛之人应戒贪婪、戒嗔痴、戒杀生等，在佛教所说的罪过之中，杀生乃是大的罪过。从美德伦理的角度看，佛教伦理不仅主张对待人要大慈大悲，在对待自然事物时也要表现出慈悲的美德。“一切佛法，慈悲为大。”（《大智度论》）“大慈与一切终生乐，大悲拔一切众生苦。”（《大智度论》）佛教就是体悟到众生的痛苦，发扬慈悲为怀的精神，给予众生人生的快乐，而减少众生的痛苦，这就是佛教的智慧，是从内心对世界和人生认识上的超脱而不是从物质上的简单满足。佛教对万物的慈悲和不杀生，对万物的平等和尊重与西方伟大的神学家、哲学家和环境伦理学家施韦泽“敬畏生命”的环境伦理思想有异曲同工之妙。

再次，佛教的“因果业报”思想可以阐发为生态责任伦理。长时间里，人们对滥杀动物、砍伐树木、污染环境等都没有法律责任意识和道德责任意识，很少从行为者的品德角度进行谴责。佛教讲究因果业报，所有的行为“业”都有相应的“报”，而且“善有善报，恶有恶报”。在万物皆有佛性，天地与我同根，万物与我一体的环境中，人对自然事物的杀戮、戕害，对自然环境的破坏也是佛教认为的恶，必然会遭受恶的报应和结果。恩格斯说人类每一次对自然的征服，自然都无情地报复了人类。无论是从人类的整体角度还是从个体的行为者角度，将对待自然事物的态度纳入到“业报”思想的范围中，强调善待自然万物将会有自然的善报，毁坏自然的恶行必然带来恶报。佛教的“依正不二”思想同样指出了生命个体与自然环境之间的密切联系。

复次，佛教伦理在一定的程度上具有德性伦理的特征，佛教教理的目的在于培养人格，变化气质，教人超凡入圣。因为对缘起性空的体悟，佛教强调“无我”、“超越”、“清净”的美德，这些美德主张放下对自我的执著，实现心灵的解脱。佛教的生活方式包括持戒、定慧等修行方式和衣食住行等世间生活方式，在生活方式中体现的美德包括“正念”，即随时保持着觉醒的状态，对人们的自身心念、心态、自身与环境的关系都保持自觉的观照和调整，保持任何时候都能清醒地做正确的事情。佛教生活方式主张“不贪”、“戒杀生”、“知足”、“简朴”，这些都是对生态环境保护有益的生活方式。

对中国环境美德思想资源的挖掘首先指出人之德性与天道自然之间是效法自然，天人合其德的关系，接着撷取“厚德载物”、“仁民爱物”、“常善救物”、“民胞物与”、“成己成物”、“无情有性”等思想具体阐述了中国传统伦理思想中的“德物关系”。而如何运用这些思想资源探讨环境美德思想，还需要与当下中国的实际相结合。在当下“前现代”、“现代”和“后现代”同时存在的“时空压缩”背景中，对包括环境伦理在内的传统思想的态度正在分化为“传统思想的现代化”和“传统思想的后现代化”两种理论取向。

“传统思想的现代化”立足于对现代化持赞同的立场上回望古代的传统思想，常以“落后”的前现代和“先进”的现代语气来审视古代思想，其学术取向是将“落后”的思想改造为“先进”的思想。整个中国19世纪末以来的思想大多遵循“传统思想现代化”的逻辑展开，在伦理学界包括环境伦理学界这样的思路比比皆是，用现代的思维方式和学术术语对古代的传统思想加以拆解、诠释和改造。“传统思想的后现代化”指站在对现代化的质疑和批判的立场回望古代传统思想，指出古代思想对现代化过程中出现的各种问题有启示和诊疗功能，形成向传统思想的复归路径。在伦理学界以麦金太尔为代表的美德伦理学的复兴号召回归亚里士多德以来的美德传统，在中国近些年逐渐兴起的“国学热”都是这种思路的产物。

环境美德伦理学的研究是将“前现代的美德伦理传统”与“后现代的环境伦理学”巧妙地结合，这一结合呈现的是“前现代”和“后现代”的联合，形成对“现代”的“夹击”。“前现代”的思想者已经作古，但是其留下来的关于人与自然的思想仍然具有生命力；“后现代”的思想者正在粉墨登场，其批判并越过“现代”而直接与“前现代”形成“时空对接”是当前环境伦理学研究的学术景象。环境美德的提出是西方环境伦理学家“对接”亚里士多德的“前现代”传统的努力之一。也有不少的西方环境伦理学家将其向“前现代”对接的“接口”转向了东方哲学，如深层生态学环境伦理就吸纳了不少东方思想，在西方环境伦理学界呈现出“东方转向”。奈斯、罗尔斯顿、克里考特等环境伦理学家都专门研究过东方思想中的环境伦理思想成分。当下宜对中国传统环境美德思想做出“后现代”解释，即注重传统美德思想对现代人的精神生活和道德理念的诊疗作用，提出传统美德的复归路径。

第三节 马克思主义环境美德资源

环境美德是对人的品德与自然之间关系的研究。环境美德研究的实践动因是基于在环境保护的实际行动中，人是真正的实践者，人的道德品质与人对待自然环境的道德态度、行为有着密切的关系，需要培养具有面向自然之美德并且具有道德实践能力的道德人格。环境道德哲学将逻辑起点从“自然”转换到“人”的这一转向不是简单地“压跷跷板”，不是再回到小农经济时代田园牧歌式的人与自然和谐的世界图景中，而是必须面对当下人类的生产生活方式已经发生巨大变化，生态环境危机已然发生的背景下，重新思考人与自然的和谐问题，重新思考人的本质、人的价值、人的完善、人的自我实现等一系列问题，是对生态文明时代的新人学的研究。因此，环境美德的研究是在当代生产生活方式与自然环境的冲突与协调的过程中如何思考人、定位人、培养人以及人如何道德地生活，如何通过善待自然的态度、行为、品德与自然和谐相处的过程中实现自我的问题，是重新书写人的研究。

对中西方思想中的环境美德思想资源进行梳理后，环境美德研究如何进一步从马克思主义理论思想宝库中获取思想资源？显然，环境美德研究主题的新颖性决定了马克思主义思想理论中没有直接现成的环境美德思想，但是马克思主义关于人与自然关系的基本观点，关于人的道德与人的本质、人的自我实现等思想都可以为环境美德的研究奠定基础。对马克思主义思想资源的挖掘按照两个原则展开：一是寻根溯源，秉承“回到马克思”的研究思路，从马克思主义经典作家有关论述中寻找思想资源，摒弃那种寻章摘句式的附和与应景，从马克思主义论述中解读马克思主义的精神与环境美德之间的联系，作为环境美德研究的思想资源。二是马克思主义关于人与自然、环境、生态等思想已经受到国内外学者的关注和发掘，形成了生态马克思主义的研究，这些研究中虽有对马克思主义生态化解释中当与不当的尺度问题，但也不乏运用马克思主义理论说明或者批判马克思主义对生态危机的精彩理论。按照这两个原则，对环境美德的马克思主义思想资源的发掘是一个浩大的对马克思主义理论“二次开发”和对生态马克思主义理论的“三次开发”的工程，由于篇幅限制只选取马克思主义理论与环境美德问题研究相关的“点”进行论述。

对马克思主义理论特征的描述曾经有过不同的看法，譬如有辩证唯物主义和历史唯物主义的二分，有实践唯物主义的争论，有青年马克思和晚年马克思的对立，有人道主义的马克思，有社会学的马克思主义等。如果从人的角度看，马克思主义理论的主题始终是寻求人的解放。环境美德是在人与自然关系的背景中重新看待人和人的品德，对“人”的探究和思考是马克思主义和环境美德思考问题的交集点，所以环境美德的马克思主义思想资源就以人为基点，选取马克思主义关于人与自然关系中之人的观点加以剖析。在人与自然关系破坏与再和谐的背景下，环境美德的研究需要以马克思主义理论中关于人的认识为指导思想来汲取养料。

一、现实的人之环境美德

在哲学上，马克思首先反对抽象的人性论，反对剥离了人的社会属性与社会现实存在的抽象的人，将现实的人作为理论研究的出发点。马克思认为，与德国哲学从天上降到地下的研究相反，马克思主义的研究是从地下到天上的研究，也就是“人”的概念不是从头脑中想象出来的，而是以从事实际活动的人为出发点，从现实的人的实际生活出发来理解真正的人，从他们的活动中揭示上升到意识形态的现实生活。弗洛姆认为：“马克思与克尔凯郭尔以及其他哲学家相反，把实实在在真正的人看成一定社会、一定阶级的一员，看成一个由社会支撑着发展、又束缚于社会中的存在物。马克思认为，人的充分实现，人从束缚他的社会力量下解放出来，是与承认这些力量、与基于这种承认的社会转变相联系的。”①

以现实的人为研究起点是马克思主义理论对环境美德研究的启示。作为一种研究的逻辑起点和方法，早期环境伦理学的理论困境恰恰是陷入了抽象的人的错误中而导致的，陷入了马克思所批判的从思考的、想象的、设想的人出发的环境道

① 弗洛姆. 马克思论人[M]. 陈世夫，张世广，译. 西安：陕西人民出版社，1991：143—144.

德哲学研究中。早期环境道德哲学的两大理论诉求是：人与自然之间存在伦理道德关系；人对自然负有道德义务。这里的"人"从一般的、抽象的意义上指所有的人，是全称的、泛泛的"人类"。建构人与自然之间的伦理关系和确立人对自然的道德义务的表述之"人"，如果其理论要指导现实行动，必须把"人"进行具体化、现实化，必须研究马克思所说的，在实际生活中从事生产生活的现实的人，由具体的现实的人的活动所构成的人与自然的关系才是实际存在和可以作为实践改造对象的人。

早期环境道德哲学家理论构建不仅存在着"人未到场"，而且存在着对人的泛化和虚无的问题。罗尔斯顿提出"哲学走向荒野"的观点就存在着对人的认识悖论。一方面，"荒野"代表的是自然事物的自在自为的状态，自然事物先于人的存在、自在于人的存在和自为地存在，阿巴拉契亚山脉上一片永远没有为人所干扰的小花自生自灭地开放着，不以人的价值为价值而具有自身的内在价值。哲学走向"荒野"指的是从人类中心主义的价值观走向对自然事物的内在价值的认可和尊重，"荒野"是内在价值的最好注释。罗尔斯顿在论述"荒野"及内在价值的时候，其所使用的"人"的概念是全称的、泛泛的"人类"，是从"天上到地下"、从头脑中、从口头的所设想的角度出发的人，这些人只是具有了人类中心主义价值观这一共同特征，他们的生存条件、文化差异、利益诉求等一概被虚化了。从现实的生存条件来看，作为新大陆上建立的移民国家，美国人移民的过程也就是体味自然和荒野的过程，直到今天，广袤的原野，较少的人口，生活在美国的人享受着得天独厚的自然环境禀赋，荒野对他们来说并不陌生。与美国的人口、资源状况相比，拥有五千年文明的中国，虽然国土面积相近，人口数量却是几倍于美国；与广袤的原野牧场相比，一条条梯田、条块分割的农田是中国人所面对的现实生存条件。同样是罗尔斯顿所指称的人，在现实生存条件上的差异是先天巨大的。几百年的新大陆开拓和几千年的文明积淀形成了不同的文化。罗尔斯顿的"荒野"是一种对大自然原始生态、内在价值的美的认同和赞美，"荒野"负载的文化价值观是不受人的干扰的自在自为的价值和美，西方的文学艺术包括绘画等也经常展现荒野之美。中国文化经过了几千年的发展，主要以农业文明为主，文化观念对"荒"和"荒野"则是完全不同的想象。在中国人的日常口语中，"荒"以贬义居多，"荒芜"、"荒凉"是一种凄凉的景象，"荒废"是值得惋惜和被指责的事情，"荒郊野外"的意象与罗尔斯顿对极致尽美的上帝之作的"荒野"的心理意象完全是两回事。再之，从利益诉求来看，自然环境问题的研究绝对不仅仅是道德的高尚和自然艺术的审美这么简单，它与人的生存发展利益密切相关，与现实的国家、地区的人的生存利益相关，因为环境利益化了，在面对环境利益时就不存在抽象的、全称的“人类”，存在的则是不同于利益诉求的国家、地区和个体的利益。就美国而言，罗尔斯顿的荒野自然观是建立在享受工业文明的发展成果和转嫁工业文明的污染同时进行的状况下的生活理念，是典型的美国中产阶级生活样态的写照，在享受着牛奶面包和廉价工业品的同时，还能够保留大片的荒野自然不受人的干扰，这种美好生活是建立在发展中国家牺牲和污染了自己的土地资源来供给廉价工业品供其消费的基础上的。对现实的人的环境利益差异的虚化和抹杀可以构建起抽象的内在价值理论和荒野理论，却无法解释全球环境越来越恶化的现实。从生存条件、文化差异和利益诉求等方面，不以“现实的人”为出发点会使理论越来越美，却离现实越来越远。悖论的另一面，罗尔斯顿的“哲学走向荒野”的观点探讨了形而上的内在价值与人对自然的道德义务问题，他所主张的观点是超越具体的、现实的人的，但是其理论却是从理论家自身作为“现实的人”而产生的。“荒野”或者各种国家公园的保护是美国特色的生态生活环境所提供的，享受自然、体味荒野也是美国特色的生活方式所能够感悟到的，“哲学走向荒野”的理论本身就是生活在移民大陆、美国、落基山脉和中产阶级及个人性情结合的“现实的人”的思想理论。恰如任何一个人都不能拔着自己的头发离开地球一样，从现实的人的生活中产生的“荒野”理论，理论的内容中却再没有“现实的人”，这就是早期环境道德哲学研究的缺陷之一。

鉴于此，环境美德的研究以早期环境道德哲学家理论建构的缺失为警醒，以马克思主义的“现实的人”为出发点，切切实实研究在不同生存条件、文化差异、利益诉求和日常生活世界中的人的道德品质，“现实的人”面对现实生活中与自然环境保护相关的生活方式和行为时的环境美德。一般性的道德概念一定要赋予其具体的现实的意义才能从抽象变为具体，从理论走向现实。基于现实的人的马克思主义理论起点，环境美德的研究也必须基于现实生活的人，基于当下中国人的日常生活实践，所提环境美德内涵也具有在中国的生态环境保护的现实关怀下的具有可能性的道德品格。

二、人的本质与环境美德

马克思主义研究人，从哲学的、唯物主义的立场观察人、分析人、研究人，马克思主义理论中的自然观、唯物史观等都是围绕着“人”的核心线索展开的。马克思认为,人的本质并不是单个人所固有的抽象物,在其现实性上,它是一切社会关系的总和。在对这句话的理解中,关键点是“关系”和“社会关系的总和”。

首先,马克思将人的本质、人的存在理解为一种关系型的存在,即人不是个体的、“单个人所固有的抽象物”,而是一种关系存在的本体,这与布伯的“我和你”、列维纳斯理解人与“他者”的关系,都是在关系中界定了本体。实体和关系中,马克思落脚于关系来界定人的本质。这种关系既包括社会关系,也包括自然关系。“这样,生命的生产——无论是自己生命的生产(通过劳动)或他人生命的生产(通过生育)——立即表现为双重关系:一方面是自然关系,另一方面是社会关系;社会关系的含义是指许多个人的合作,至于这种合作是在什么条件下、用什么方式和为了什么目的进行的,则是无关紧要的。”[①]自然关系和社会关系的双重叠加混合是环境美德的现实基础,生活在现实环境中的人所具有的环境美德既包含处理人与自然关系的美德,如爱护自然界的动植物,在生存和合理适度的范围内与自然进行物质能量交换。同时,环境美德也包括处理现实社会关系的美德。目前人与自然的关系中,自然事物还被视为个体或集体的财产权,非人类中心主义所倡导的自然事物的自然权利,如树木的权利还未有现实的法律关系。同样,索南达杰保护藏羚羊的行为也是在两种社会关系之间斗争,即捍卫自然和偷猎获取利益的两个社会群体社会关系之间的斗争,环境美德不仅在人与自然关系层面评价人的道德品格,也评价包含着自然关系的社会关系,例如作为环境正义的美德更多地包含着社会关系的意蕴。

其次,社会关系是马克思要说明人的本质的重点。对资本主义生产关系的分析、批判,对劳动的异化和人的奴役的批判,对资本主义的现实批判是马克思寻求人的解放的未来理想社会制度的支撑点。可以看到,无论是对现实的资本主义社会的批判还是对未来理想社会的设想,纵贯其中的核心是为了人,反对人的异化,实现人的解放。从社会关系出发,将人的本质定义为社会关系的总和,资本主义社会关系对人的作用是马克思着力研究人的出发点。马克思“将人的作用置于社会基本矛盾、社会基本发展规律之中考察,把人的意识及其能动性置于社会存在、社

① 中共中央马克思恩格斯列宁斯大林著作编译局. 马克思恩格斯选集:第 1 卷[M]. 北京:人民出版社,1997:33—34.

会生产方式和社会生产关系之中来考察，将个人置于群体之中来考察，更多地考察社会对人的决定作用”①。在早期环境道德哲学家那里，对社会关系的强调很容易和人类中心主义发生粘连而遭到非人类中心主义的批判。正如前面定义过的那样，非人类中心主义批判的人类中心主义实质上是人类利己主义，以生活在社会关系中的现实的人来思考人与自然之间的道德关系是现实的要求，而且对社会关系中存在的人与自然的异化进行批判和改造并不必然导致人类的利己主义，甚至是利他主义地保护自然，所以，有必要再次澄清的是，马克思主义对“人的研究”≠“人类中心主义（人类利己主义）”，“社会关系的总和”≠“人类中心主义（人类利己主义）”，社会关系总和的人的本质论断增加了环境美德的社会批判视域，人面向自然关系的美德、人与人之间的美德根脉相通。

根据马克思主义现实的人的理论出发点，现实生活中并不存在截然分离的人与自然的关系、人与社会的关系、人与自我的关系，表述为三重关系实质上融合在现实关系之中，在这三重关系中，马克思对人的研究更多地从社会批判的层面展开。

而事实上，社会关系的总和现实性上也包含人与自然的关系，而且不是抽象的人与自然的关系，是实实在在地被纳入到现实政治经济运行体系的人与自然的关系。在资本主义政治经济体系中，土地、森林、矿产、气候等都资源化、资本化了。我国当前的经济体系中存在着资本的力量，就不可避免地也存在着自然资源化资本化的强烈冲动。从直接的矿产资源的石油开采，到各种形式的“圈地运动”，甚至日常生活中矿泉水的售卖，都是自然的资源化资本化的结果。千岛湖的矿泉水、西藏的矿泉水资源化资本化，其出售的就是当地优质的自然产物或者自然本身，有形的自然资源化资本化，无形的自然资源也要资本化，光照、气候等的综合体资本化的结果就是“原产地标识”的内在逻辑。只有在原产地那样的自然条件，包括土壤、气候、温度、湿度、光照、微生物等那里的小生境的情况下生长的产品价格和价值才被标高，其售卖的本质就是自然环境的综和因素，在特殊的优质的自然小生境的产品。

自然事物的资源化有生态学的合理性，因为作为自然界生存的物种，人从自然界获取阳光、空气、水分、果实、土地上的产物是符合生态规律的，经过人类的生存

---

① 张步仁，马杏苗. 马克思主义人学研究[M]. 哈尔滨：黑龙江人民出版社，2005：2—3.

生活环节后自然界的能量再传递到下一个环节，形成能量流动和循环。问题是，在现代经济制度下，自然资源化后又被资本化了，矿产、土地、森林等自然资源都化身为参与社会分配的资本，而拥有这些资本的人又在一定程度上依赖这些资本使另一部分人的劳动异化。在社会关系对人的欲望的过度激发下，人对自然最本能的、满足基本需要的资源化就演变为贪婪无节制的资本化。自然事物被资源化资本化的“市场”动力就是人的需要和欲望，人有开汽车的需要和欲望，石油才被作为资源资本；人有吃山珍海味的需要，“山珍”和“海味”才被作为市场的资源和资本；人有亲近自然的需要，风景名胜区的“自然风景”才被资源资本化。从个体的角度讲，环境美德不是道德禁欲主义，但是需要区分需要(need)和欲望(want)，特别是对虚假的需要，贪婪的欲望，主张通过美德的力量来制约那些过度的、破坏性的欲望。从社会的角度讲，将经济的发展寄希望于刺激消费者的贪欲，疯狂地开采自然资源以保持经济增长的制度也是片面的，在环境道德的意义上是不道德的。由此马克思所说的社会关系的总和包括被资源化资本化的人与自然的关系。马克思着力将人从资本的奴役中解放出来，同时自然也将获得解放，自然将从被过度资源化资本化的定位，回归到生态规律意义上的能够养育包括人类在内的万事万物的自然。当然，人类的生产方式可能不是刀耕火种、耕田稼穑的原始生态生产方式了，而是在现代生态生产技术下的循环经济，循环经济确保人类从自然中获取的物质和排放到自然中的物质都在自然生态能够提供和容纳的范围之内。

三、完整的人之环境美德

从“现实的人”研究为出发点，揭示“人的本质”是社会关系的总和，那么，马克思主义关于“人”的观点是什么？人回到本真状态或理想状态是什么？马克思在《1844年经济学哲学手稿》中提出“完整的人”的概念，即人以一种全面的方式占有自己全面的本质。“完整的人”是具有人的本质的全面丰富性、具有全面而深刻的感觉的人。为此，马克思从商品分析开始，逐渐剖析出“异化劳动”、“资本主义生产资料所有制”等现实的人的生活中导致人的不完整和被异化的问题，对资本主义的生产资料所有制和异化劳动进行批判，从摆脱最初的人对人的依赖关系到摆脱人对物的依赖关系，最终实现自由自觉的全面发展的人是马克思主义理论的终极目标之一，社会、生产、革命和解放的目的都是为了人的解放，为了实现人的自由自觉的全面发展。人的自由自觉的全面发展理论探索涉及方方面面的问题，对环境美德的思想资源功能来说主要从两个方面可资借鉴：

首先，"完整的人"与自然之间的关系。在资本主义制度的观念下，人对自然的关系是占有关系，自然是人类占有的存在物，是资源、资本和用来获得利益的源泉，人类对自然的占有不仅仅在物理层面上，人占有了森林、草场、矿山、河流，而且在资本主义制度的法权关系中，草场、林地、山头、河流、湖泊等都是受到私有财产权保护的资本主义法律关系，由法律来保障人对自然的占有并且这种占有构成了人与人之间的关系，自然是人与人关系的中介和工具。马克思主义认为人与自然的关系不应该是占有和被占有的关系，因为人与自然之间是一种有机的联系，自然是人的无机身体，人是自然的一部分，正如异化劳动构成对人的奴役一样，对自然的占有也构成对自然的异化。"完整的人"与自然之间的关系是和谐的，是人道主义与自然主义的统一，共产主义就是人道主义和自然主义的统一，是自由自觉的全面发展的"完整的人"的实现状态。

环境美德研究着重于讨论人对待自然的道德态度和道德品质，最终落脚于人的自我完善。从马克思关于"完整的人"的概念出发可以看出，在人与自然关系方面能够消除异化回归本真，回归人道主义与自然主义的统一是人的实现的重要内容，在这一点上环境美德对人的德性要求与马克思主义的理论是一致的，可以说人具有环境美德是"完整的人"实现的重要方面。"完整的人"必须善于处理人与自然的关系，必然是在人与自然的关系方面具有正确的理解和高尚的道德品质的人，也是能够消除人与自然关系的占有和异化，能够使人回归其本位，既依赖于自然所提供的生存条件而又不过度开发自然，能够促使自然健康平衡，促使人和谐地生活于自然之中的人。环境美德是"完整的人"的一个重要侧面，是对马克思主义关于"完整的人"在当代生态危机背景下重新思考的重要内容。

其次，"完整的人"与德性之间的关系。人的解放、人摆脱依赖关系、消除对人的异化、实现人的自由自觉的全面发展以及改善人与自然的关系这些方面都是从外在条件进行的变革，其最终目标是促进内在的人的本质的变化，是价值观的、精神层面的变革，"完整的人"是在促进其全面发展的生产制度和社会条件下而达到的有德性的人。就人与自然的关系层面而言，完整的人不仅是对人源于自然又依赖于自然的理性认识，也不仅仅是对人改造自然而又遵循自然规律的理性认识，更是转化为德性方面的自觉和要求，而且将对待自然的道德纳入到对人的道德考量和人道全面完善与否的考量中。既能够对人与自然的关系进行客观的、理性的、正确的认识，又能够基于理性认识基础上产生道德要求，这是“完整的人”之完整体现。环境美德是“完整的人”研究的一方面，是从人与自然关系出发的理性与德性统一的完整性。如果仅仅具有理性的认识而缺乏正确的价值观和人的德性要求，人与自然关系的和谐与人的完整都是值得打问号的。

第三章　环境美德的学理基础

环境美德何以可能？从学理上看，其与环境伦理学密切相关。目前环境伦理学研究有两种模式，分别是以诺顿为代表的应用伦理学模式和以罗尔斯顿、哈格洛夫、克里考特等人为代表的道德哲学模式。应用伦理学模式的研究主要“关注现实社会中那些充满争议、带有强烈的规范色彩、与道德实践紧密相关、与制度安排与法律建构密不可分的环境伦理问题，如代际伦理问题、环境正义问题、能源伦理问题、环境保护法规的伦理依据问题、人类干预特定生态系统的界限问题、生态健康的标准问题、环境决策中相互冲突之利益及诉求的权衡问题等等”①。道德哲学模式主要研究“那些与人们的价值观（不仅仅是环境价值观）有关的基础性的、宏观的、形而上的问题，它试图给人们提供某种关于人与自然关系的完备性学说，某种完美的生活理想；它试图重新理解人的本性，重新定位人在自然和宇宙中的地位，重新勘定好生活的具体内容”②。环境美德伦理学提出在生态危机的背景下重新思考在自然中的人的本性和人在宇宙自然界的位置，希冀在人的美德与自然世界之间进行伦理理论架构，设想生态文明时代的人应具有在传统美德内容之外的一种新型

① 杨通进. 论环境伦理学的两种探究模式[J]. 道德与文明. 2008(1)：14.
② 杨通进. 论环境伦理学的两种探究模式[J]. 道德与文明. 2008(1)：14.

的、面向自然的品格特征，具有环境美德的人可以重新过人与自然和谐的美好生活。环境美德伦理学的研究模式是道德哲学模式的研究路径。

道德哲学模式意味着为现实中的环境伦理及人的道德关怀寻求到本真的、基础的形而上学层面，即回答“环境美德何以可能”。回答这个问题需要分两个步骤论证，第一步是论证“美德何以可能”，第二步是论证“环境美德何以可能”。“美德何以可能”是伦理学或者美德伦理学的基本问题，也是非常艰深的学理问题，已经有许多学者进行过论证。鉴于本书的主旨是关于环境美德的论证，从逻辑上不能绕开“美德何以可能”的论证，但在主题和篇幅上必须以“环境美德”为主。为此，本书采取的折衷方法是介绍几种关于“美德何以可能”的思考并提炼出其理论特点，再以此为基础对“环境美德”进行分析。

“美德何以可能”的思想往往蕴含在关于美德伦理学兴起必要性的论证中，也是一个非常艰难的过程。“德性伦理学的复兴在很大程度上只是在反规则的立论动机下促成的。它的问题意识仍然局限于规则伦理学所开辟的框架之内，没有其独立统一的解释路径。……德性伦理学并没有实现其当初要替代规则伦理的意图，而是加剧了伦理学内部互竞的局面。德性伦理学内部也派系林立。”[①]这种现象说明，解构和批判并不能确立美德伦理学当代复兴的合理性，也不能就“美德(伦理学)何以可能”的问题进行说明。“当代美德伦理学的根本课题不仅仅在于外向的思想批判，更在于内在的理论建构。后者不仅是当代美德伦理急需且必须面对的巨大挑战，而且也是它能否保持足够深刻、持久、有力的外向性思想批判的充分必要条件。一种强有力的理论批判只能来自本身具有强大理论力量和丰富思想资源的理论。”[②]要说明“美德伦理何以可能”必须由“破”向“立”转变，从对现代道德哲学批判和解构的“破”转向阐明和建构美德伦理学基础的“立”。美德伦理学的“立”主要有两种主要思路：

第一，存在论思路。亚里士多德是西方美德伦理学的鼻祖，他的思想是美德伦理思想的源头活水，也是后世伦理学家阐发思想的逻辑起点。亚里士多德认为，每种存在物都有属于其自身的活动，无生命物的活动主要在于它们对于生命物或者

---

① 方德志.论亚里士多德“自然”德性伦理学对德性伦理学复兴的启示[J].道德与文明，2010(5)：152.

② 万俊人.重建美德伦理如何可能——序秦越存博士新著《追寻美德之路》[J].伦理学研究，2008(4)：106—107.

人的合目的性而言。生命物的活动，动物是以各自种的属性来感觉和运动，植物的活动是营养和发育，一种存在物的活动就是它的种属的功能及其合目的性。每种物的最终完善状态就在于它的种属的特有的活动及活动所蕴含的目的。人的活动在于他的灵魂合乎逻各斯（理性）的活动，亚里士多德称为实践的生命的活动。“人的实践的生命的活动，在实现程度上可能有很大的差别。有些人‘出色地’实现着这种活动，另一些人则只在很有限的程度上——尽管也还是‘积极地’——实现着这种活动。德性（aretê）就是人们对于人的出色的实现活动的称赞。”①

亚里士多德认为德性是灵魂合乎逻各斯的实现活动，德性是使一个事物活动得好的品质，也是使一个人的实现活动完成得好的品质。那么，理解亚里士多德的德性就必须与对“人”及“人的实践活动”以及“人的实践活动的好”（德性）的理解联系起来。杨国荣教授从伦理与存在的角度理解德性，认为人本身是一种关系的存在，而“道德既是人存在的方式，同时也为这种存在（人自身的存在）提供了某种担保”②。他认为，德性（arete）既有本体论的内涵，又具有伦理学的含义，原始的德性与存在之间有着密切联系。随着近代以来德性的伦理化，美德（virtue）一词具有了道德品格或道德气质的意义。随着德性的伦理化、德目的多元化，德性与存在的联系丰富了。但最终，德性仍是统摄着存在，德性以人格的方式展现了人的存在的统一性，德性以人的生活世界中存在的整体性为其依据。这是从人的存在与德性的统一性角度论证德性、美德的本体论基础，也可以运用到环境美德的研究中。

第二，共同体主义思路。共同体主义思路指出美德源于共同体的生活与养成，共同体是美德形成的源泉，亚里士多德的美德伦理思想中包含着共同体主义的思想，即伦理学与政治学的相互渗透。在《尼各马可伦理学》中，亚里士多德着重探讨了幸福与德性的问题；在《政治学》中，亚里士多德又研究了城邦共同体的生活，而且德性与共同体生活是相互体现的。从共同体生活中培育善和德性是亚里士多德的基本观点。麦金太尔对启蒙以来道德谋划的失败进行批判，其主要的观点是要回归亚里士多德的传统，从历史主义和共同体主义论述了复兴美德伦理必须回归亚里士多德的共同体主义传统。麦金太尔的历史主义和共同体主义思路下对美德伦理复兴的论证可借鉴到环境美德的论证中。

---

① 廖申白．译注者序[M]//亚里士多德．尼各马可伦理学．廖申白，译注．北京：商务印书馆，2003：xxv.
② 杨国荣．伦理与存在[M]．上海：上海人民出版社，2002：24.

至此，本章关于“环境美德何以可能”的论证就从人的存在、共同体主义思路论证环境美德的可能。需要说明的是，美德伦理的复兴及其本体论的论证还在形成之中，环境美德的形而上学论证一方面是借鉴美德伦理的论证思路观照自然，另一方面也是从环境问题对美德伦理复兴本体论构建的一个尝试。

第一节 环境美德的生态存在之基

一、美德与人的存在

从苏格拉底提出“认识你自己”的命题以来，人类一直进行着对外和对内的两个路向的思考。对外是以自然界为研究对象，在神话、宗教、哲学、科学中探究自然和宇宙的规律；对内则面向人自己的研究，如人类的起源、人类的本质、人类的自我以及人性等问题，神话、宗教、哲学、科学、心理、艺术等是人认识自己的不同方式。人类的文化历史在不断向前发展，永恒的人学研究主题也不断有新的时代主题出现。研究人面向自然的美德就是在生态危机时代背景下的人学研究新主题。

人类创造了辉煌的工业文明，发展到现代却面临着严峻的全球生态环境危机。在这样的背景下，需要对人学命题进行重新思考。以人与自然关系的重新定位为前提，重新思考在人与自然关系重建的前提下，“人是什么”“人性是什么”“人如何存在”“人应该如何存在”等形而上的根本问题。借助于对这些问题的重新回答来给予人类拥有新型美德——环境美德之可能性与合理性的论证。

在关于人学的研究中，存在论(ontology，又译本体论，存有论，是论等)是一个重要的视角。本文首先从人的存在与人之美德的关系入手，论证美德是人存在的根本方式之一，环境美德则是人在自然中存在的必要美德。对人之存在的生态向度的重新认识是环境美德得以成立的学理基础。

存在(being，existence)是一个基本哲学概念，存在论是形而上学的分支，与认识论(epistemology)、价值论(axiology)等一起构成形而上学的研究。人的存在是存在论研究的核心问题。人的存在的一般问题包括：如何看待“人”这样一种存在？人究竟是什么样的存在？什么是人的存在方式？人的存在方式有没有特殊性？

不同的历史阶段和不同的理论视域中对如何理解人之存在有着不同的观点。“斯芬克斯之谜”揭示人是一种早上四条腿走路，中午两条腿走路，傍晚三条腿走路的存在物。普罗泰哥拉说：“人是万物的尺度。”柏拉图说：“人是无羽毛的两足者。”亚里士多德对人的存在的观点至少有三种说法：“人是两足动物”、“人是理性动物”、“人是政治动物”。本·富兰克林说：“人是能制造劳动工具的动物。”拉美特利说：“人是机器。”费尔巴哈说：“人就是理性、意志和心。”尼采说：“人是能够允诺的动物。”卡西尔认为人是“符号动物”。萨特说：“人就是自由。”对人之存在的观点可谓是仁者见仁，智者见智。在哲学思想史上不仅存在着多样化的理解，而且是随着历史变迁而不断丰富和发展的。衣俊卿将思想史上关于人的存在比较有影响的定义归纳为：理性的存在、自然的存在、自为的存在、文化的存在、实践的存在。理性的存在是把人界定为理性的存在物，而自然、宇宙、世界是符合自然法或理性的存在结构，因此人凭着概念、判断、推理等理性的认识能力把握外部世界，改造自然，创造财富，实现人的对象化本质。自然的存在是强调人的生存结构中的自然向度，强调人是大自然进化的产物，人的生存活动不能脱离大自然的规律支配。自为的存在是存在主义哲学的主要观点，与理性的存在强调人的理性的、逻辑的能力相反，存在主义把意志、情感、生命、本能、欲望等发挥到极致，提出人的存在是超越性的、创造性的存在，存在先于本质，人是通过自己的活动、设计和创造不断获得自己的本质存在。文化的存在是哲学人类学理解的存在观。卡西尔说：“人的突出的特征，人与众不同的标志，既不是他的形而上学本性也不是他的物理本性，而是人的劳作（work）。正是这种劳作，正是这种人类活动的体系，规定和划定了‘人性’的圆周。语言、神话、宗教、艺术、科学、历史，都是这个圆的组成部分和各个扇面。因此，一种‘人的哲学’一定是这样一种哲学：它能使我们洞见这些人类活动各自的基本结构，同时又能使我们把这些活动理解为一个有机整体。”①人的存在是由人的文化创造活动过程决定的，人只有在文化创造活动中才成为真正的人。实践的存在以马克思的实践哲学为代表，马克思认为人的自由自觉的实践活动是人存在的根本方式。“按照马克思的实践哲学，构成人的本质的实践是人特有的‘自由自觉的活动’。人的历史的和现实的对象化活动，归根到底是人的实践活动。马克思认为，人与动物的根本区别在于，人不是按照本能而自在自发地生存于自然

① 恩斯特·卡西尔．人论[M]．甘阳，译．上海：上海译文出版社，2004：95—96．

的链条中，而是以自由自觉的实践活动不断再生产出自身和自然，从而生活于一个属人的生活世界或文化世界之中。”①马克思的实践概念是一个基础和核心而又包含着丰富内涵的总体性的概念，人的实践的存在也是具有丰富的可拓展的思想的。在人区别于动物的自由自觉的活动中，人形成了各种各样的关系，各种关系的总体又称为人的本质特征所在。

杨国荣教授对“人的本质是一切社会关系的总和”进行了提炼，他将人的本质定义为“关系存在”。他列举了孔子、马克思和恩格斯、布伯(M. Buber)、列维纳斯(E. Levinas)等人的思想说明哲学家们关于人的本质是关系存在的思想。马克思和恩格斯是从人与动物的比较中强调这一点。“在他们看来，‘动物不对什么东西发生“关系”，而且根本没有“关系”，对于动物来说，它对他物的关系不是作为关系存在的’，惟有人才能在其存在过程中建立多方面的关系。”②孔子的“鸟兽不可与同群，吾非斯人之徒与而谁与”(《论语・微子》)中的“斯人之徒”指的是“和我共在的他人和群体，‘与’则是一种关系。对孔子来说，与他人共在，并由此建立彼此之间的社会关系，是人的一种基本存在境遇；孔子的仁道学说，便奠立于对这种关系的确认之上”③。布伯的观点体现在他的著作《我和你》中“我和你”(I - Thou)和“我和它”(I - It)两种关系的区分。“列维纳斯(E. Levinas)将我与他人(others)的关系视为存在的一个本质的方面。按列维纳斯的看法，他人对我来说是一种无法回避的存在。……他人的存在对我而言就是一种命令，当他人注视我时，我便被置于对他人的责任关系中；正是在对他人的责任中，自我的主体性得到了确证。广而言之，每一个体都是一个‘我’，并相应地有自身的他人或他者，从而，每一个人也都可以看作是关系中的存在。”④

与孔子、马克思和恩格斯、布伯、列维纳斯的观点相似，杨国荣教授认为人存在于两种生产与再生产过程：一是生命的生产与再生产过程；二是物质资料的生产与再生产过程。生命本身的生产和再生产过程形成了广义的人伦和基于自然血缘关系的家庭关系。“广义的家庭关系在人的存在中无疑具有某种本源的意义：作为人的生命生产与再生产借以实现的基本形式，它从本体论的层面将人规定为关

① 衣俊卿. 论人的存在：人学研究的前提性问题[J]. 学习与探索，1999(3)：50.
② 杨国荣. 伦理与存在：道德哲学研究[M]. 上海：上海人民出版社. 2002：24.
③ 杨国荣. 伦理与存在：道德哲学研究[M]. 上海：上海人民出版社. 2002：24—25.
④ 杨国荣. 伦理与存在：道德哲学研究[M]. 上海：上海人民出版社. 2002：25.

系中的存在。”①

人本质上是关系存在，关系存在的分化——分化导致的异化——存在克服异化走向统一是人的存在运动的历史过程。从逻辑的角度看，人的存在有“抽象的存在”与“具体的存在”之间的矛盾和辩证运动。“抽象的存在”是一种思辨的、超验的和超越的存在，是趋于与经验世界的分离和凌驾于个体之上的存在；“具体的存在”则是“个体性与普遍性、多样性与一致性的统一，并相应地包含了存在的全部丰富性”。具体存在的多样性方式被表述为多种存在方式，有人论述了科学技术与人的存在方式②，有人将创造性作为人的存在方式③，有人将理想与人的存在联系起来④，有人论述音乐、时间与人的存在⑤。

人的存在是实践的存在，实践是一个丰富的、多样的、可具体化的概念，实践的丰富多样性决定了存在的多种样式，“科学技术”、“理想”、“创造”、“音乐与时间”、“语言”、“文化”、“神话”等都被视为是实践存在的方式。除这些五花八门的存在方式之外，本文提出美德也是人的存在方式。斯宾诺莎在其《伦理学》中曾指出：“德性的基础即在于努力保持人的自我存在(to preserve one's own being)，而一个人的幸福即在与能够保持他自己的存在。”⑥关于道德是人的存在方式的论证，需从对实践的理解及其本原意义来探索。“亚里士多德的伦理学总体上是基于对于人的活动的特殊性质的说明的目的论伦理学。”⑦灵魂合于目的性的活动是特属于人的活动，特属于人的活动被称为实践的生命的活动，实践的生命的活动是人的存在的方式，人唯有在他的实现活动中才能展现其存在。实践的生命的活动有别于技艺的活动，有别于乐师、鞋匠的那些职业的活动，实践的活动是作为一般的人的而非特殊的职业与技艺的活动，实践的活动是人获得其本质力量的方式，人的本质力量就是实现人的生命活动的目的，即幸福和善。追求善的生命实现活动是人的存在方式。“善即某种善的事物。它或者是已在的，或者是我们希望它成为在的：它具有或是我们希望它将具有某种(某些)我们认为可归属于那类事物的性质，因而

---

① 杨国荣. 伦理与存在：道德哲学研究[M]. 上海：上海人民出版社. 2002：27.
② 李火林，徐海晋. 科学技术与人的存在[J]. 浙江社会科学，2000(5)：92—96.
③ 宋洪云. 论创造与人的存在[J]. 前沿，2009(11)：34—37.
④ 杨志明. 论理想与人的存在方式[J]. 云南师范大学学报，2000，32(3)：7—10.
⑤ 陈赟. 音乐、时间与人的存在：对儒家“成于乐”的现代理解[J]. 现代哲学，2002(2)：92—97.
⑥ Spinoza. On the Improvement of the Understanding [M]. New York: Dover Publications, 1955: 201.
⑦ 廖申白. 译注者序[M]//亚里士多德. 尼各马可伦理学. 廖申白，译注. 北京：商务印书馆，2003：xvi.

它与我们作为人的本质力量处于对应的关系中。”①

实践在亚里士多德那里被理解为是“道德的或政治的活动”，“实践表达着逻各斯(理性)，表达着作为一个整体的性质(品质)”，但是在近代以来对实践的认知却并非道德意义上的实践，而是认识论或者技艺、创制意义上的实践。因为，“培根看到了技术和实验的重大作用，预言了‘操作’对改变自然界的空前意义，因而，他将工匠的各种技艺，人类对自然的认识以及科学实验一并归入实践的内涵，并顺理成章地认为实践是人类征服自然的重要手段。相对地，亚里士多德的道德的、自由的实践被康德、费希特等人所继承而发展为一种本体论的实践观，这种实践强调了伦理实践的意义……在当时的科学技术和生产占主导地位的社会背景下，在认识论实践观居于主流地位的前提下，他们的道德实践观被淹没了，从而导致了伽达默尔所说的‘实践堕落为技术’的结果”②。在认识论实践观对伦理的实践观的遮蔽的情况下，有人提出“科学技术是人的存在方式”的观念。马克思看到了劳动与人的实践的关系，将劳动作为人的实践的方式。但是，马克思所说的劳动实践主要仍是以经济活动为主，对道德实践的论述较少。事实上，在亚里士多德那里，实践的研究区别于制作的研究。“制作活动都有某种外在的目的……那目的就显得比活动更重要，活动就因此而打折扣，成为是外在目的的手段。例如，各种技艺只因它们能够制作出产品，修辞学的知识只因它能使人创作出影响人们的感情与心理的演说，而是善的。制作活动既然只以某种外在善为目的，活动本身就只作为手段才是善，或者从本质上说不是善。……实践不是屈从于一个外在的善的活动，它自身的善也是目的。这种属于活动自身的善就是德性。”③由亚里士多德的“生命实践的活动”的概念及其对“实践”、“制作”概念的区分，可以看出，作为伦理的实践长期以来被技艺的、创制的、外在的善的活动所遮蔽，人们长期追逐科学技术所创造的产品，追逐外在的功利主义的实践方式，这样道德让位于认识，实践活动成为获得外部利益的工具，人就成为追逐外部利益而忽略内在道德世界的异化的人，在功利主义或消费主义的刺激下，人的内在的善被欲望所代替，人的存在异化为对物质财富的占有，对科学技术工具的依赖的存在，而伦理的实践才是亚里士多德意义上的真

---

① 廖申白. 译注者序[M]//亚里士多德. 尼各马可伦理学. 廖申白，译注. 北京：商务印书馆，2003：xix.
② 秦越存. 美德与人的存在[J]. 道德与文明，2009(6)：68.
③ 廖申白. 译注者序[M]//亚里士多德. 尼各马可伦理学. 廖申白，译注. 北京：商务印书馆，2003：xxii.

正的以自身的善为目的的生命活动的实践。也有学者指出，“伦理学就是要探讨人的存在方式、存在样态，寻求人的存在价值与意义，探寻人的行为的合理性根据，对人的生存与发展作出积极的理论反思和概括。无论是东方的‘行为准则’，还是西方的‘风俗’、‘习惯’实质上所表达的都是人的一种存在样态，一种自我约束的机制”①。

伦理的实践是人的存在方式之一，也是使人的存在完善并使人的实践活动得好的品质。“作为具体的存在，人在自然(天性)、社会等维度上都包含着多方面的发展潜能，仅仅确认、关注存在的某一方面或某些方面，往往容易导向人的片面性和抽象性。道德意义上的人格完善、行为正当，最终落实于存在本身的完善；而存在的完善首先即在于扬弃存在的片面性、抽象性，实现其多方面的发展潜能。道德当然并不是人的存在的全部内容，但它所追求的善，却始终以实现存在的具体性、全面性为内容；而道德本身也从一个方面为达到这种理想之境提供了担保。在这里，道德所追求的善与人自身存在的完善呈现出内在的统一性，二者的具体内容，则是作为潜能多方面发展的真实、具体的存在。”②

二、人的存在的生态维度

由于对实践的多种理解，人的存在有“科学技术的”、“理想的”、“道德的”、“语言”、“文化”、“神话”等多种存在方式，这些存在方式从不同的方面被视为确证了人的存在。但是，关于人的存在还有一个最简单、最质朴但在今天却要重新思考的问题，即人作为生物性的存在或者人作为自然的存在。“人作为自然的存在”原本是个朴素的事实，可以存而不论，但是到了现代，当人类的“技艺的创制的非本质的善”，即以科学技术为工具的制作实践单向度地抛却“人作为自然的存在”而使人对自然的疏离、隔阂、利用、破坏甚至达到毁灭程度进而使人自身的存在成为严重问题的时候，如何理解“人作为自然的存在”，如何理解人的存在的本真及其目的，如何选择人的实践方式则成为非常有必要讨论的话题。

人作为自然的存在是指人是自然界的一部分，是自然界长期进化来的物种，人

① 郭增花.伦理：人的存在之维[J].经济与社会发展，2010(7)：65—67.
② 杨国荣.伦理与存在：道德哲学研究[M].上海：上海人民出版社，2002：6.

的生存、生活和生产体现着自然规律，也必须遵循自然的规律，人的生育、成长、发展、死亡自身都有客观的甚至符合动物学的规律。人作为自然的存在，要依赖于自然界。人的吃、穿、住、行的问题都要依赖于自然资源的供给，无论是人直接取材于自然还是通过人的劳动创造加工而成，从根本上都是来源于自然并且要回归于自然的。离开自然界人类就无法生存，人这个物种可能都要消失。作为既定的事实，人作为自然的存在是妇孺皆知的道理。问题在于，对"人是自然的存在"这个事实的认知在人类思想史上却有着不同的思路。

第一种认识到"人是自然的存在"，强调在人类社会活动中以人类的自然存在性为基础，在人类的社会活动、精神文化生活中处处以自然为目的，以自然为法则，如道家的"人法地，地法天，天法道，道法自然"的观念，如中国哲学中强调"天人合一"的思想，都是从"人是自然的存在"这个基本的事实出发，将这个事实看作是人活动的基本法则，看作是人类一切活动的依据，并且人类的行为既不能违背自然的规律，更不能破坏到自然本身。

第二种对"人是自然的存在"的认识在基本事实层面也承认，但其后的理论旨趣在于努力证明人别于自然或者人高于自然，其对人的本质的认识和界定不是希望人"合于"自然，而是人"异于"自然，"高于"自然，唯"高于"自然方能显出人之何以为人。为这种思路进行论证的理论特别多，如：(1)人别于自然存在。德国人类学家兰德曼(Michael Landman)指出动物的感觉器官适合特定生活条件，是一种被特定化(specialization)的存在，而人看起来在远古时期没有被特定化，人的牙齿既不是食肉动物的牙齿，也不是食草动物的牙齿，但是人利用工具，克服弱点，共同协作，使人成为实践的存在而非像其他物种那样纯自然的存在，人别于自然存在。(2)"理性"、"意识"使人高于自然存在。在西方的思想传统中，人是理性的存在物，理性使人区别于动物，高于动物。动物和它的生命活动是直接同一的，而人则使自己的生命活动本身变成自己的意志和意识的对象。他的生命活动是有意识的。具有"理性"、"意识"等存在成为享受道德关怀的标准，早期环境伦理学者就将"自我意识"作为自然存在物能否像人一样具有道德地位，获得道德关怀的依据。人的理性和意识是优于自然存在物的理由是近代以来普遍被认可的共识。(3)人类是社会存在物而别于自然存在。按照马克思主义的观点，人的劳动、实践活动不仅使人与自然之间存在物质能量交换关系，也使人与人之间建立社会关系。人的劳动、实践活动不可能是一种单个人的行为，而是以社会中许多个人之间的相互协作与合作为基础。人的社会存在的本质暗含着以集体的力量挣脱自然的"束缚"，打破自然的规律，通过人和自然的对抗确证人的本质力量。这种观念体现在从古希腊到近代的科学技术发展以及相应的艺术的、科学的、社会的生活之中，成为人类根深蒂固的观念。

如何看待"人是自然的存在"的观点分歧实质上是不同的文明和历史阶段人们对"人是自然的存在"的看法的反映。第一种以自然为基础为法则的理解是农业文明时期关于"人是自然的存在"的理解；第二种的诸多观点是工业文明时期对"人是自然的存在"的不同理解，主旨是人别于自然存在或高于自然存在。进入生态文明时代，仍需要继续思考"人是自然的存在"。

生态意义上人的存在从生态整体性和生态价值方面给出关于人的存在的重新界定。如前所述，对人的存在有自然存在和非自然存在两种路径的存在方式的论证。非自然存在致力于用人类自己的"成就"来论证人的存在，社会性、科学技术、文化、语言、艺术等都被视为表征人之存在的方式；人的自然的存在致力于论证人的生物属性和人对自然环境的依赖。生态文明时代对人的自然存在更多地从生态学意义上来理解，在自然整体或者生态整体的思想的指导下，人的存在只是整个宇宙生态系统中一个物种的存在，其存在的意义是非中心的，整个宇宙生态系统无论从存在历史、存在意义，还是存在目的来看，都是生态系统的自我调适和平衡过程，人类是宇宙生态系统历史进程中进化出的一个物种，是与空气、水、植物、岩石、河流、花草、禽兽，甚至蚊子、苍蝇一样的生态系统中的存在物，虽然人类是"聪明"的，可通过制造工具改变其所处的生态环境，但究其根本仍是一个物种的存在。从生态整体主义的视角看，近代以来将人是理性动物，人具有改造自然的能力视为人的存在的根本观念说到底就是将人对自然的影响力视为人的本质力量或者进步，不仅仅是人对自然物，甚至是对自然规律的本身。人类探索太空，挖掘深海，劈山开路，围海造田，医学中克服疾病，延长寿命等等行为在人类看来都是证明人本质力量的存在方式。从生态整体的角度来看，人类物种在心智方面的成长以及对自然存在物和生态规律的抗衡是非常"可爱"和"可笑"的，犹如中国古代小说《西游记》中"孙悟空逃脱如来佛掌心"的情节，人类的进步如同孙悟空翻筋斗，虽然有一个筋斗十万八千里之功夫，但如何也逃不出浩瀚的宇宙生态系统之"如来佛掌"。这样，从生态整体性的意义上，人的存在就不仅仅是"孙悟空自证本领高强"之意义，而且还在于认识到人的根本存在是生态系统之一隅，以生态系统的完整和平衡为人之存在目的和意义。因为人的存在，生态系统的存在和进化彰显其意义，进化出人类这样高级的理智动物，人的存在增进了生态系统的复杂性和先进性。另一方面，人的存在的目的在基本层次上以有利于自身为目的，但是在更高更大的层次上应该以增进生态系统的平衡、稳定和美丽为目的，正如利奥波德所说的，一个事物当它有助于生态系统的平衡、稳定和美丽的时候，它是正确的，反之则不然。这是从生态意义上对人的存在之意义和目的提出新的更高的评价标准，也是人之存在当代需要重新思考的问题，总之，人需要用新的实践方式说明人类对生态系统之平衡、稳定和美丽而具有的意义，这是人之存在生态之维的意义。当然，在古代哲学中具有类似的人出于自然、法于自然和归于自然的生态智慧，人之存在的生态之维就是从这个思路用当代的科学思想和社会实践来确证人的存在对于生态系统之意义。

从人类目前实践来看人的存在的生态之维，人类的进化及其用智慧创造的文化科学技术使生态系统人化，是人的自然存在与非自然存在的巧妙结合，但二者之间有一个恰当的度，这个度就是不打破生态的平衡，人类活动的影响力控制在生态系统的复原能力之内。但是，当代严峻的生态环境危机对 20 世纪以后人类工业文明的活动作出的反应大大超越了生态系统的资源供给和废物吸纳的生态限度，人的非自然的存在严重地威胁到人的自然的存在，而自然存在作为存在之根基的不稳或失去将使人类一切确证自身本质力量的文明成果销毁殆尽。究其原因，仍然是对人的存在方式之“实践”概念出现偏差，以技艺的善和实践代替了道德的善和实践，没有认识到人与自然之间树立道德上的约束、规范、人的品质和美德要求也是实践，是追求善的实践。

三、生态存在与环境美德

道德是实践精神把握世界的一种方式，是人的存在方式和使人的存在完善的一种方式，而且道德不仅反映人的存在的某一方式，它是对人的存在整体性的反映。对将“科学技术”、“理想”、“创造”、“音乐与时间”等人的存在方式多元化、多样化的问题，杨国荣教授指出，需要重视人的存在如何整合的问题，人的存在虽然有多方面的形态或者不同的方式，但是这些方式可以整合为统一的结构，即德性与人格。“从人的存在这一维度看，德性同样并不仅仅表现为互不相关的品格或德目，它所表征的，同时是整个的人。德性又展现为同一道德主体的相关规定。德性的这种统一性往往以人格为其存在形态。相对于内涵各异的德目，人格更多地从整体上表现了人的存在特征。……而从本源上看，德性的整体性又以人在生活世界中存在的整体性为其本体论根据。”①人的存在的整体性是指对人的自然存在和非自然存在的整合。以往对人的存在的整体性的考量往往忽略了自然的维度，在生态文明时代，人的存在的整体性不仅包括人类的整体，而且包括生态的整体，人的存在彰显本质力量的使命服从于生态学上维护生态系统平衡、稳定和美丽的存在意义，或者是新增了一重意义。只有确认了人的存在的生态维度和人文维度，人的生活世界的完整性才得以完满。

作为涵摄生态存在之德性，必然相应地有对人之存在生态维度的反映，本书在这里即指环境美德，反映人之存在在生态维度上的美德，在生态意义上的道德实践，在生态意义上对善的追求，这就是环境美德。环境美德是从人的存在之生态维度与相应的道德实践的需要所产生的美德概念。人的存在的完整性必然包含着在生态维度的存在，德性的完整性亦需新的德性来对应这种完整性，即环境美德。至此，在人与自然之间建构伦理体系并论证人之美德面向或涵摄自然的基础就在于“道德是人实践存在的方式”——“德性反映生活世界的整体性和完整性”——“人的存在具有生态维度”——“环境美德是反映人的生态存在的道德实践和道德品性”的逻辑链条。这构成了环境美德何以可能的一种论证方式。

第二节 环境美德的生态共同体背景

个体的美德养成不仅仅是形而上的存在论，也是在社群、团体、共同体中生活实践形成的品质，个体美德的养成与其所归属的社群、共同体之间有着紧密的联系，共同体从原来的人际共同体拓展到生态共同体是环境美德之所以必要和可能的理论前提。

---

① 杨国荣. 伦理与存在——道德哲学研究[M]. 上海：上海人民出版社，2002：140.

一、共同体生活与美德养成

共同体是从古法语 *communité* 演化而来，英文单词共同体为 community，又译为社区、社团、社群。《牛津现代高级英汉双解词典》解释 community 为：(1)由同住于一地、一区或一国的人所构成的社会、社区；(2)由同宗教、同种族、同职业或其他共同利益的人所构成的团体；(3)共享，共有，共同，相同。从这些基本解释中可以看出，传统意义上的共同体指生活在共同的地点或地域的相互作用的人们，家庭、村社、民族、国家、阶级等都可以是共同体。社会学家鲍曼(Zygmunt Bauman)指出："(共同体)指社会中存在的、基于主观上或客观上的共同特征(或相似性)而组成的各种层次的团体、组织，既包括小规模的社区自发组织，也可指更高层次上的政治组织，而且还可指国家和民族这一最高层次的总体。"①当代社会，地域已经不是形成共同体的唯一条件，"共同的利益"是形成共同体的一个重要力量。斐迪南·腾尼斯(Ferdinand Tonnies)认为："共同体(Gemeinschaft)作为与社会(Gesellschaft)相对的一种生活，特指那种凭传统的自然感情而紧密联系的交往有机体；'共同体'和'社会'虽然都属于人类的共同生活形式，但只有'共同体'才是真正的共同生活，而'社会'不过是暂时的和表面的共同生活。"②英国社会学家迈基文(R. M. Maciver)强调"共同"的特点，他认为："只要大家在一起生活，就必从这种共同生活之中，产生与发展出某些共同的特点，如举止动作、传统习俗、语言文字等。这种种的共同特点，实在是一种有势力的共同生活的标记与结果。"③在共同体成员间所有共同的事物中，价值观是最核心、最具有内聚力的力量。俞可平指出："社群主义者把社群看作是一个拥有某种共同的价值、规范和目标的实体，其中每个成员都把共同的目标当作其自己的目标。……社群不仅仅是一群人；它是一个整体，个人都是这个整体的成员，都拥有一种成员资格(member ship)。"④由以上对共同体定义的梳理中可以归纳出共同体的要素：共同的地域、社区，共同的利益，共同的语言、风俗习惯和社会生活，共同的核心价值观，等。

---

① 齐格蒙特·鲍曼. 共同体[M]. 欧阳景根，译. 南京：江苏人民出版社，2003：1.
② 斐迪南·滕尼斯. 共同体与社会[M]. 林荣远，译. 北京：商务印书馆，1999：54.
③ 迈基文. 社会学原理[M]. 张世文，译. 上海：商务印书馆，1933：24.
④ 俞可平. 从权利政治学到公益政治学[M]//刘军宁，等. 自由与社群. 北京：三联书店，1998：75.

个体的美德养成与共同体之共同生活之间有着紧密联系。除了“共同”之外，共同体对其成员的“构成性”作用是值得关注的。“构成性”是指共同体生活在对个体成员的价值观形成、身份认同、利益凝聚、自我形成和品德养成方面具有建构性和创造性的作用，个体是共同体建构和培育的个体。共同体对个体成员的“构成性”，特别是在个体美德的形成以及公民教育方面提供了理论支撑。具体说来，共同体对个体成员的“构成性”，特别是美德的养成包括以下几个方面：

首先，能够具有美德的个体先得有明晰的自我意识和身份认同，知道“我是谁”，我“应当怎样”。个体的道德意识总是与“我是谁”联系在一起的，只有确定了“我是谁”，才能确定我的生命实践活动如何好，也就是我应具有什么样的品格特征的问题。在个体的自我认识上，新自由主义通常假定了一个纯粹的、理性思辨的自我。现代自由主义和个人主义把自我从所有社会关系的特殊性中抽象出来，而成为没有任何差别、没有任何特殊性、完全中立的、没有任何偏见的抽象的个人，自我是一种混沌无知的自我，这种自我完全脱离活生生的社会现实，它不受任何社会历史背景、经济政治地位、文化传统、家庭生活等的影响。共同体主义认为，个体总是归属于一定的社区、组织和共同体，如国家、民族、阶级、组织、家庭等，以共同体为参照背景来形成自我认识。查尔斯·泰勒(Charles Taylor)认为：“我……根据家谱、社会空间、社会地位和功能的地势、我所爱的与我关系密切的人，关键地还有在其中我最重要的规定关系得以出现的和精神方向感，来定义我是谁。”①以家庭、社区、国家、民族、阶级等共同体为背景获得自我认识回答了“我是谁”以后，人才能继续思考“我是什么样的人”，“我应该成为什么样的人”这样的道德问题。也就是说，共同体是个体自我认识和身份认同的前提条件。

其次，共同体生活为个体的道德意识提供“善”的理念。“我是谁”的问题可以通过共同体生活来界定，譬如“我是中国人”，“我是汉族人”，“我是上海人”，“我是华东师范大学教师”，“我是王家的人”等等对自我意识和身份认同的各种界定。回答“我是谁”之后，“我应该成为什么样的人”之“什么样”特指道德的规定性，即“善”的问题成为追问的第二个问题。对善的感知是美德形成的可靠基础，具有美德的人所具有的对永恒的、善的秩序的爱，是人类热爱美好生活和从事善良行为的道德基础。

---

① 查尔斯·泰勒. 自我的根源[M]. 韩震，等，译. 南京：译林出版社，2001：49.

对于什么是"善"，自由主义者强调规则，主张个人权利的优先性，认为保障个人权利实现的最重要的规则是正义，故正义的规则就是目的。共同体主义者认为，人的正当行为与其道德目的（善）是不可分割的，无论道德规则制定得多么完美，最终还是要靠具有美德的人才能很好地运用规则，"善"是个体的美德。共同体主义者所主张的善不是抽象的道德规则，也不是针对个体的利益或欲望而带来的个别的善，而是公共的善或整体的善（public good or common good）。泰勒认为："整体的善，其秩序显示着善的理念，是最终的善，这种善包容着所有不完全的善。它不仅包括它们，而且赋予它们较高的尊严；因为至善要求我们绝对的爱和忠诚。它是强势评估的最终根源，是某种因其自身而值得渴望和追求的东西，而不只是把可欲性给予现存的目标和爱好。它提供超越事实上的欲望变动的欲求标准。根据至善，我们可以明白，我们的善，我们灵魂中的恰当秩序，具有这种绝对的价值，它把这部分推崇为整体秩序的高尚部分。"[①]公共的善或整体的善，在亚里士多德那里就是城邦的善。一个人若能离开城邦而生活，他不是野兽便是神。个体的美德的形成离不开城邦共同体的生活，城邦共同体的生活就是最大的善。"尽管这种善于个人和于城邦是同样的，城邦的善却是所要获得和保持的更重要、更完满的善。因为，为一个人获得这种善诚然可喜，为一个城邦获得这种善则更高尚[高贵]，更神圣。"[②]"共同体还为个体的卓越人生（或称'幸福'）提供了更明确的引导和标准；而'美德'，作为实现卓越人生的必需途径，也因此而获得更清晰的界定。……共同体对'幸福'、'卓越'和'高尚'等价值观念的共同构造，将有助于人们各自所理解的'正确的或优秀的言行方式'在公共领域中被接纳、承认为'美德'。也就是说，共同体为公民美德的展现提供了意义背景。"[③]

再次，共同体为成员美德养成提供了共同生活的文化和教育环境。如迈基文所指出的，共同体是要大家在一起的生活，这种共同的生活养成共同的举止动作，共同的传统习俗，共同的语言文字，共同的宗教信仰，共同的文化根脉，共同的价值观念，等等。这些共同的特点，无论是外显的生产劳作、生活方式和行为习惯，还是内隐的价值观念，都会指引个体的道德认知和行为。个体在成长过程的社会化活

---

① 查尔斯·泰勒. 自我的根源[M]. 韩震，等，译. 南京：译林出版社，2001：181—182.
② 亚里士多德. 尼各马可伦理学[M]. 廖申白，译注. 北京：商务印书馆，2003：6.
③ 李义天. 共同体与公民美德[J]. 天津行政学院学报，2009，11(3)：20.

动过程，也就是个体学习适应并融入共同体的共同生活的过程。共同体生活培育个人的价值观、性格特征和人文精神等重要内容，犹如“随风潜入夜，润物细无声”。除了潜移默化的教化效果以外，共同体生活中的各种制度文化，如法律和道德规范，对个体美德的养成具有刚性的约束促进作用。亚里士多德认为，除非人类受到城邦和它在法律范围内的养育和统治，否则理智和道德的德性由于不能得到锻炼和培养，人不可能成为完全的道德性动物。亚里士多德所指的共同体是城邦，城邦在形成和维持的过程中除了共同的利益、共同的风俗习惯和共同的价值观念外，还有由制度、法律和立法者等实施的公民教育。公民教育有助于在德行中养成习惯，因为获得道德的美德与获得技艺是一样的，正如木匠通过实践而学会盖房子一样，人只有通过行善而学习善。人有拥有道德生活的本性，而这种本性只有在城邦中才能完成，因为只有城邦才能提供使人具备美德所需的教育，人才能过一种完满的道德生活。

就具体的美德品质而言，共同体利益至上至善的价值理念可以培养公民“勇敢”、“牺牲”、“奉献”和“集体主义精神”的美德。共同体成员在一起生活，相互之间的利益矛盾又冲突融合，共同体生活中培养尊重、关爱、平等、节制、责任等各种美德。总而言之，共同的生活促使共同体成员成为促进共同体的公共领域的价值和福利，追求至善的高尚品质的公民。“对‘共同体’的倡导者来讲，由于他们把公共领域（或其规范性）界定为极具共同性和构成性的群体生活，而这种群体生活（如上所述）又同美德的塑造之间存在密切的逻辑关联，所以他们才认为，共同体式的公共领域将比其他任何形式的公共领域都更加有效地塑造公民美德。”①基于共同体在培育公民美德方面的基础而重要的功用，麦金太尔所概括的美德概念中，美德是一种能使人负担起他的社会角色的品质，这是荷马时代最突出的美德概念类型，但直到今天仍然是美德的基本含义，因为美德意味着作为共同体的一员，担当作为共同体成员之角色的社会责任。

复次，政治共同体中预设了道德的诉求，使共同体不仅是利益的共同体，同时也是道德的共同体。“人类之所以创造道德，就是为了使人类与非人类存在物的利益共同体成为一种道德共同体，从而保障这种利益共同体的存在与发展的需要：道德普遍起源于利益共同体的存在与发展的需要，道德的普遍目的就是为了保障

① 李义天. 共同体与公民美德[J]. 天津行政学院学报. 2009，11(3)：21.

利益共同体的存在与发展。”[①]“所谓道德共同体，也就是具有互惠关系的利益共同体，道德共同体的成员与利益共同体的成员是同一成员，它们是同一共同体的两个名称、两块牌子。”[②]

道德共同体是从伦理学角度对共同体成员之间的伦理关系进行研究的范畴。王海明认为："道德共同体成员的根本特征乃是应该被道德地对待或应该得到道德关怀，而不是具有按照道德规范进行活动的能力。准确地说，道德共同体并不是能够按照道德规范相互对待的一切个体和群体的总和，而是应该被道德地对待或应该得到道德关怀的个体和群体的总和，是应该被道德地对待或应该得到道德关怀的对象的总和。”[③]即共同体成员可以被道德地对待，是道德关怀和道德评价的对象，遵守共同的道德规范和道德信念。

二、共同体生态向度的拓展

人的生活总是在一定的时空环境中，环境构成了人生活的共同体，人总是生活在一定的共同体中是一个基本事实。传统的共同体指的是人与人之间构成的共同体，如国家、民族、阶级、社会、社区、村庄、家族、职业团体等，都是社会共同体，人们在社会共同体中产生亲情、友情、爱情、同情、怜悯、正义、合作、勇敢、节制等各种美德。当代面临生态环境危机，哲学伦理学家从价值观和伦理层面开始反思的时候就提出，人不仅应该道德地对待人，而且应该道德地善待自然。但是，人应该道德地善待自然，人对自然负有道德义务的哲学依据在哪里呢？西方环境伦理学家寻找依据的思路是拓展传统道德共同体的边界，将动物、植物、河流、树木乃至整个生态系统都纳入到共同体中。依据不同的理论资源和思想传统，西方环境伦理学家论证了自然存在物也应成为道德关爱的对象（moral patient）或道德客体（moral subject），也拥有道德地位（moral standing）或道德身份（moral status），动物或整个自然界也应该纳入到人类道德生活的共同体（moral community）中，成为道德共同体中的成员。这种由人际共同体向自然/生态共同体拓展的思路被称为伦理拓展

① 王海明. 论道德共同体[J]. 中国人民大学学报，2006(2)：74.
② 王海明. 论道德共同体[J]. 中国人民大学学报，2006(2)：73.
③ 王海明. 论道德共同体[J]. 中国人民大学学报，2006(2)：71.

主义(extensionism)。西方环境伦理学家正是通过对传统道德共同体的拓展来论证人对自然负有道德义务而确立环境伦理学之必要性的。在伦理拓展主义的主导思路下,各派环境伦理学家所使用的理论资源和思想传统有所不同,有自然法传统,有自由主义、功利主义的传统,也有依据生态学的规律进行的伦理拓展。

动物解放论者彼得·辛格从西方的自由主义传统论证了道德共同体的拓展,他以功利主义道德哲学为基础,主张道德关怀拓展道德至动物身上。辛格指出自由主义发展历史进程中已经取得消除种族歧视、性别歧视的成就,进而应该消除物种歧视(speciesism)。辛格认为,人类的道德只限于人与人之间的共同体范围,将动物排除在人类的道德考量之外,这就如当年将黑人和妇女拒之门外的种族歧视和性别歧视一样,是一种物种歧视。黑人解放和妇女解放都已经实现,那么进一步的努力应致力于动物的解放,即人类道德应该也将动物作为关爱的对象。

辛格提出了动物解放的口号,他的论证基础仍是基于边沁的原则,即判定存在物是否具有道德地位,是否享受道德关爱的基础不是它们能否推理,也不是它们能否交谈,而是它们会不会忍受痛苦。辛格说:“忍受和享乐的能力是有没有利益的先决条件,是在我们有意义地谈论利益之前必须满足的条件。一个小孩在马路上踢一块石子,你说这不符合那个石子的利益,这是毫无意义的。一块顽石并无利益,因为它不会痛苦。我们对它做任何事也不会对它的利益(welfare)有任何改变,而痛苦和享受的能力不仅仅是必要的,也是对我们说该事物有利益是充分的——至少其利益在于避免痛苦。比如,一只耗子有在路上不被杀死的利益,因为否则它会忍受痛苦。”①

承继自由主义传统并主张伦理拓展的还有《大自然的权利》的作者纳什。纳什从西方的自然法传统论述了权利主体的拓展过程。他梳理了西方自然法传统拓展的历史过程。“1215年聚集在泰晤士河畔的25名英国贵族向他们的国王提交了一份用拉丁文写成的冗长的特权清单,这即是著名的《大宪章》(Magna Carta)。这一法律文献所着重阐述的是,社会的某些成员因其存在本身就享有独立于英国国王意愿的某些权利,很显然,《大宪章》只强调的是社会上的部分人的权利。而1776年美国的《独立宣言》则依据自然法或自然的上帝之法所揭示出的自明的‘真理’是:在拥有某些不可剥夺的权利方面,所有人都是平等的。但是《独立宣言》实

① 戴斯·贾丁斯.环境伦理学:环境哲学导论[M].林官明,杨爱民,译.北京:北京大学出版社,2002:127.

际上并没有将妇女、奴隶和印第安人的权利包括在内。1863 年美国颁布了《奴隶解放宣言》；1920 年又通过了《宪法第 19 修正案》，提出了妇女的权利问题；1924 年颁布了《印第安公民法案》，确认印第安人的公民资格；1957 年通过了《民权法案》，主要是解决黑人的权利问题；1973 年颁布了《濒危物种法》，开始涉及到了大自然的权利。”[①]纳什对西方自然法传统思想以及法律实践中权利主体的拓展，表明了自然成为法律权利的主体，也就是道德关爱的对象，具有道德地位，人类的道德共同体也拓展及自然。

阿尔多·利奥波德倡导的“大地伦理学”(Land Ethics)从生态学的角度论证了人类道德共同体的拓展。利奥波德从古希腊英雄奥德赛杀死其女奴的故事开始，指出奥德赛杀死女奴既不违反法律也不违背道德是因为当时的伦理观念认为，女奴是奥德赛的财产，他可以自由处分自己的财产。虽然人类的道德发展不断进步，女奴、黑人、妇女等不断地获得了权利和自由，不再被视作是别人的财产，体现出人类道德进化过程中人类道德关爱的共同体边界不断拓展的特征。但是，至今为止，土地以及整个自然界的生态共同体仍然被当作是人类的财产，是人类可以征服和任意利用、肆意破坏的对象。同彼得·辛格一样，利奥波德也主张伦理拓展主义，扩展人类道德关怀的边界，拓展人类道德共同体的边界。相对于彼得·辛格仅仅拓展到动物而否认岩石、河流等自然物而言，利奥波德的伦理拓展更彻底，即将以往人类的社会伦理共同体拓展到整个大地——由土壤、水、植物、动物等组成的生态共同体，人类的道德共同体的边界与生态共同体的边界一致，利奥波德所指的大地(Land)，不是小写的“土地”，而指的是整个生态共同体。生态共同体成为一种新型的共同体，是“环境美德何以可能”的理论基础。

当代儒学生态思想家冈田武彦也谈到了生态共同体的观点。他说：“我们生活于同一个世界，相互尊重生命是一个必要前提。依我之见，儒家思想为这种观点提供了一个合适的基础。其‘天人合一’观就是这种观点的核心。简而言之，一个人只有与他人共在才能生存下来。而想与他人共处就必须遵循社会规则。儒家伦理的基础是要具有恻隐之心。如果我们将这个观念拓展开来，便可以将整个自然

---

① 李培超. 伦理拓展主义的颠覆：西方环境伦理思潮研究[M]. 长沙：湖南师范大学出版社，2004：4.

囊括在内。”①

三、生态共同体与环境美德

人类社会共同体具有涵育共同体成员美德并形成道德共同体的功能，面对当代严峻的环境危机，从伦理学和思想意识上将道德共同体拓展至生态共同体已然成为一种思想趋势和法律实践，如美国的《濒危物种法案》和我国的《野生动物保护法》。生态史思想家沃斯特(Donald Worster)指出，人类已经步入生态学时代，“要谈论人与自然的关系而不涉及到‘生态学’，已经是不可能的了”②。那么，接下来的问题是，在生态学时代，人类共同体与自然生态共同体构成的道德共同体是否能够涵育人类的美德？涵育何种美德？对这一系列问题的回答是从共同体主义和生态学角度论述“环境美德何以可能”的关键所在。

人类很早就关注自然与伦理(美德)的话题，自然主义伦理学在西方伦理思想传统中有着悠久的历史，如古希腊的柏拉图主义、中世纪的基督教道德和近代的经验主义伦理学等。自然主义伦理学反对道德直觉主义和逻辑实证主义的伦理观，援用自然规律或科学知识来论证伦理学命题。自然主义伦理学认为，伦理学不是一门独立的科学，道德的命题可以分解或引申为自然经验科学的命题，正义和邪恶问题的解决，不是靠诉诸不可分析的直觉，而是依靠各门科学的成果。现代自然主义包括进化论、享乐主义和实用主义等三种主要形态，其中以进化论伦理学的自然主义倾向最为典型。进化论伦理学是由达尔文的生物进化论学说引起的，这种理论以行为与自然或社会进展过程的一致来描述道德价值，用自然的概念(进化的趋向、适应环境的变化、权力意志)来限定伦理学的“善”。进化论伦理学家斯宾塞(Herbert Spencer)认为，可以称之为“善”的行为，就是相对较为进化的行为；而被称之为恶的行为，就是相对不进化的行为。在某种意义上，生态伦理学可以看作是自然主义伦理学致思之路在当代发展的新阶段。自然主义伦理学以往是以生物学、生理学、心理学等学科作为解释人类道德现象的科学资源，20 世纪 60 年代后，

---

① 罗泰勒. 民胞物与：儒家生态学的源与流[M]//安乐哲. 儒学与生态. 南京：江苏教育出版社，2008：48—49.

② 唐纳德·沃斯特. 自然的经济体系[M]. 侯文蕙，译. 北京：商务印书馆，1999：13.

西方学者应用分子生物学、遗传学、动物行为学等新的科学成果解释道德现象的伦理学。生态科学的兴起，生态科学原理的明确以及其中富含的有机联系，整体主义等哲学伦理学的思想基因为伦理学家所运用来重新理解和阐释人与自然之间的关系，特别是人与自然主义伦理学阐释人类道德现象的理论尽管不断遭遇各种批判，包括摩尔关于“自然主义谬误”的尖锐批判以及“事实”与“价值”二分的问题，一时间成为自然主义伦理学的致命缺陷。但事实上，更多的伦理学家还是依赖自然科学的基础来为伦理学提供思想资源，特别是伴随着生态危机而出现的生态伦理学的广为流传，证明了自然主义伦理学的致思之路仍有着强大的生命力。

共同体(community)概念是自然科学(生态学)和人文社会科学中共同使用的一个概念。在自然界中也存在着 community，生物学称之为“群落”、“共同体”等。“生态共同体”指的是在一个生态系统中存在的各个物种。“生态”一词源于希腊文，其意思为“住所”或者“栖息地”。生态学(Ecolgoy)一词由德国学者海克尔(E. H. Haeckel)于 1866 年提出，他认为生态学是“研究生物有机体与其无机环境之间相互关系的科学”。生态共同体指的是在一个生态系统中共同存在和有机联系的生态群落中的物种构成一个共同体，人类作为整个生态系统中的一个物种，是生态共同体中的一员。赫尔曼·格林(Herman F. Greene)探讨了生态时代与共同体的概念。“‘生态学’和相关的‘共同体’概念是新世纪的基本概念，在现代，它们与‘发展’和‘自由’扮演着同样的角色。生态学研究与它们的环境之间有内在关系，在新世纪里，它们给人类共同体重组、社会正义的实现、人类文化的新生以及生命所依赖的生态和地理系统再生提供了基本语境。生态学的核心内容是我们生活于正在发展的共同体之间相互依赖的关系之中，除非个人所依赖的共同体存在是健全的，个人不可能获得健全。强调个人幸福首要性(包括多样性和个人自我控制能力的重要性)的现代性不应该被遗忘，但是强调涉及到自然共同体的幸福，在即将来临的时代将成为核心主题。”①生态共同体所具有的涵育人之环境美德的具体功能表现为：

首先，人类在生态共同体中生活形成的许多风俗习惯是道德意识的起源。英文单词的伦理学(ethics)一词来源于希腊文 ethos，具有“文化精神”、“团体或社会

---

① 赫尔曼·格林. 生态时代与共同体[J]. 尹树广，尹洁，译. 学术交流，2003(2)：1.

的生活准则”的意思，moral 也具有类似的意思。风俗习惯特别是禁忌性的风俗习惯是人类道德的起源，在早期人类社会凡是符合部落的、共同体的生存生活的风俗习惯的就被称之为美德，反之则是恶习，这是最早的美德起源。以勇敢为例，在人类早期社会洪荒野蛮的时代，到处有野兽出没，这时“勇敢”就是一种美德。人类早期的风俗习惯即美德的养成与人类所处的自然环境即自然生态共同体有着密切的联系，这种联系可以从对“居住”、“居住者”的英文单词 habitant 词义的多重演化和内涵的剖析中得到解释。在生态学家那里，habitat 是指（动植物）生活环境、产地、栖息地、居留地、自生地、聚集处，与此相关的生态学的术语还有生境总体（habitat complex）。habitant 的另一个词义变化为 habitation，即居住、生活环境、住所等的意思。habitant 既是动植物的生活环境、产地、栖息地、居留地，也是人类居住和生活的环境，这个词义可以清楚地反映出人与自然界的事物共同栖居在生态共同体中的事实，具有生物平等或者生物中心主义的意蕴，恰如海德格尔所说的“人诗意地栖居在大地上”。作为生态共同体的成员，人和动植物一样栖居于大地上。habitant 词性变化为形容词之后，就成为 habitual，意指习惯的、惯常的。habitual abode 指的是日常住所；habitual residence 指惯常居所；副词 habitually 表示习惯地；动词 habituate 是使习惯于，使熟悉于；另一组名词变化为 habitude，表示习俗；habitué 演变为“习惯”、“常客”的意思。从人与动植物共同的居住、住所地到演变为人慢慢地习惯于其所居住的生态共同体中的气候、风物、景观、物种，以及生态系统相互之间的内在联系，甚至根据当地自然环境而形成的一些独特的风俗习惯，这些风俗习惯既有自然和生态系统的，也有人类社会内部的，二者相互交错在一起。从今天的角度看来，人类在童稚时期所产生的风俗习惯中所蕴含的道德态度就成为环境美德的最早起源，这样的案例在各种民俗文化中不胜枚举。譬如美洲的印第安人在进行狩猎之前要进行祈祷，请求自然神明的原谅，并且狩猎之后对动物的遗骸等进行慎重的处理，表达了印第安人对自然的尊重，是敬畏自然的美德之体现。

其次，生态共同体与人的自我意识和身份认同有着紧密联系，是美德特别是环境美德产生的基础。如前所述，能够具有美德的个体先得有明晰的自我意识和身份认同，知道“我是谁”，我“应当怎样”。在共同体中，按照“我”所归属的阶级、国家、社群、家族等形成了“我”的自我认识，也内涵了对自我的道德要求。譬如，自我身份认同为“我是中国人”，在爱国主义情怀的熏陶和感染下能够培养人们的爱国热情和爱国美德；自我认同为“无产阶级革命者”，就激发人具有推翻资产阶级的私有制度，实现全世界无产阶级联合的共产主义政治理想，因而也具有了共产主义的美德，如大公无私、英勇奋斗等高尚的道德品质。

自我认同的共同体中除了社会的共同体如国家、阶级、社区、村社等，还有人所归属的自然共同体或生态共同体。俗话说“一方水土养一方人”，不同的自然生态系统对人的性格、风俗习惯的养成不同，不同生态系统中的山野、河流、草木、植被、地势、物产、动物，以及气候等等因素对当地的风俗习惯的形成以及当地人的生产、劳动、饮食、服饰、日用、人际交往、地域文化性格等都有不同的影响，在这些影响中构成了对生态系统的认同感。以中国为例，中国人的自我认同中对国家的认同常常以“黄山”、“黄河”、“长江”、“长城”等作为文化认同，不同的地域又以不同的自然存在物作为文化认同的标志，如“我的家在东北松花江上”，“林海雪原”等等这样生态共同体中的大地景观和存在的物种与人类的生活之间构成一种融自然、文化于一体的共同体。人们的自我认同常常与其所处的生态系统联系起来，以生态共同体中的动植物、山脉、河流，以及动植物等作为自我认同的标志，如对各种名号的称呼中有“大漠之鹰”、“黄河之子”等，这些标志都是人对自我认同和自我身份的一种标识，是以生态共同体的特征和显著标志来表示人的精神特征和内在美德的。生态共同体的不同类型培养人不同的美德，孟德斯鸠很早就研究过不同的地理气候环境与人们之间的精神差异。以中国为例，北方的生态共同体培养人的骁勇善战、大气豪爽的品格，南方的自然风物等生态共同体培养人的温和婉约、精明细致的品德。生态共同体对个体的自我身份认同和道德意识、道德情感的养成也具有潜移默化的效果，个体在与其所处的自然环境、自然事物的共同相处中，通过对共同体的认知和情感来养成美德。

再次，如在社会共同体中可以为个体美德的养成提供“善”的理念的导向一样，在特定的生态共同体中也能为人们提供自然之善的理念。当然，有所不同的是，社会共同体中的“善”是人与人之间的关系形成的，“善”可以通过人们的相互评价、思考、讨论，以及思想家的论著而被显著地提出，作为社会的基本价值观。如古希腊亚里士多德提出的“节制”、“勇敢”等美德，古代中国提出的“以和为贵”、“仁”、“义”、“礼”、“智”、“信”，以及近代以来人们对“自由”、“民主”、“平等”、“权利”、“正义”等“善”的理念和价值的追求，这是在人际共同体中人们经过争论、思辨和斗争所产生的。那么，生态共同体作为自在的自然，是否存在着“善”？它的“善”与传统人际共同体的“善”有什么不同呢？长期以来，特别是近代以来的科学主义对自然祛魅之后，生态共同体就是自在的自然，只是供人类认识的客体，是人类研究并加以控制和利用的对象，其既不存在被道德地对待的可能性，也不存在善恶的问题。如果有善恶，在以弗朗西斯·培根(Francis Bacon)为代表的近代理性主义那里，自然因为其存在着潜在的不完全符合人的需要的自在性，反而具有恶的特征，所以人要征服自然并拷问自然，科学研究就是要像拷问巫婆那样从揭示自然的秘密而达到为人所用。这种机械论、二元论的自然观及其相应的自然无价值、无善恶的伦理观导致了严峻的生态危机。自然生态共同体中还存在着山川、河流、草木、鱼虫、鸟兽等其他的自然物，自然有其自身的规律，这些规律类似于人类社会运行中必须遵守的道德法则，如若遵守之，则其呈现出对人类友好的生态环境，是自然的“善”意；如若违背这些生态共同体中其他物种的利益和整个生态系统的利益，则自然呈现出“恶”的意向。这里的“善”与“恶”不似人类文明的道德善恶，是需要人类用一种非人类中心主义的态度去解读的。对这种“善”与“恶”的解读以利奥波德为代表，他认为生态共同体也存在着“善”与“恶”的理念，即生态系统的平衡、稳定和美丽。所以，判断一个事物的正确与否，不是看待其对自身的利益如何，而是看它的存在能否促进其所在生态共同体的平衡、稳定和美丽，如果一个事物的存在能够使生态系统平衡、稳定、美丽，它就是善的，反之则是恶的。在这里，利奥波德提出生态共同体的“善”就是生态共同体的平衡、稳定和美丽。这是一种包含并超越人际共同体之善的整体有机主义的“善”，是一种新的“善”的理念。领悟这种新型的生态共同体的“善”，需要人们改变以前的观念，改变自己凌驾于生态共同体之上的态度，将自己看作是生态共同体中平等的一员，需要人类“像山那样去思考”，去热爱大地，热爱生态共同体。

复次，生态共同体所培育的美德正是以自然为主题的环境美德，是人的美德结构中的新型美德。在传统的人际共同体中，人们道德关爱的对象是人；在生态共同体中，人们将道德关爱的对象拓展到自然物。为救丹顶鹤牺牲的徐秀娟，其随从父亲喂养丹顶鹤，在黑龙江的扎龙自然保护区中生活，对她所生活的自然保护区的生态共同体以及生态共同体中的丹顶鹤有着深厚的感情，对自然倾注了爱心、情感和道德意识，也具有了同人类一样的关爱、呵护甚至牺牲自我以救助的道德意识。为保护藏羚羊而牺牲在盗猎分子枪口下的索南达杰，他对自己所生活的可可西里地区的一山一水、一草一木都有着深深的情感，这是生态共同体中所养育人之美德的基础。他对作为可可西里独特的生态共同体中的成员之藏羚羊也有着深深的热爱和保护的道德情感，并且认为盗猎分子射杀藏羚羊的行为是极大的罪恶，而组织“野牦牛队”保护藏羚羊的行为是“善”，是正义的行为。在此，生态共同体所养育的人们对生态整体和生态共同体中非人类成员的感情转化为美德，转化为与丑恶斗争的勇气和力量。徐秀娟和索南达杰身上所体现的正是生态共同体培育环境美德方面的作用，一种有别于传统的新型美德。

第四章　环境美德的德目阐释

美德伦理学回答的基本问题是："我应该成为一个什么样的人?"其中,关于"什么样"概括和精炼地概念化了美德德目,德目是美德内容的浓缩和概念化,是美德伦理学的基本范畴。譬如,日常生活中我们常常说"我是一个善良的人","他是一个诚实的人","小张是一个很正直的人","善良"、"诚实"、"正直"就是美德的内容用德目加以概括表达。罗纳德·赛德勒说:"一旦论证了建构环境美德伦理学的合理性,接踵而至的是两个问题。第一,什么样的态度和意向(disposition)构成了环境美德?第二,关于品格的伦理(an ethic of character)在环境伦理学中起什么作用?这两个问题——具体说明环境美德的内容和证明美德在环境伦理学中的恰当位置——是环境美德伦理学研究的核心问题。"①具体到环境美德研究,其必然引发的问题是:环境美德有哪些德目?伦理学家们已经通过哪些思路来探寻环境美德的德目?有何成果?还有哪些思路可以继续探寻?在中国环境伦理学建设的过程中,沿着哪些路径可以探寻具有中国话语特色的环境美德?

本章尝试回答什么样的态度(attitude)和意向

① Ronald Sandler. Towards an adequate environmental virtue ethics [J]. Environmental Value, 2004, 13 (4): 477 - 495.

(disposition)构成了环境美德。环境美德分为三个层面：(1)按照"什么样"的思路和路径去探寻环境美德德目；(2)环境美德的德目体系如何构建；(3)具体的环境美德德目伦理意蕴应如何阐释。

第一节　环境美德德目探寻思路

一、伦理拓展主义思路

拓展主义思路是尝试将原来的在人际伦理中运用的德目加以拓展，论证其同样是在面对自然环境事物时需要体现且可以成立的环境美德德目。"环境美德的拓展主义者尝试拓展人际伦理的适用范围，将其拓展到包括非人类存在的范围内，主张人际伦理在一定程度上也可以适用于环境伦理的语境中。比如怜悯是看到他人遭遇痛苦时人的恰当的心理倾向或意向(disposition)。但是，有的时候人所遭遇的痛苦和非人类的动物所遭遇的痛苦在道德上并没有明显的区别，所以怜悯可以被拓展适用到那些同样遭遇痛苦的动物。再比如，感恩是人对自己受惠于他人时所表现出的心理倾向和精神定势。但是，人类不仅受惠于他人，而且也从自然界获得许多的利益，感恩的美德也可以适用于人对自然界的感恩。"①伦理拓展主义思路是西方环境美德伦理学家探寻环境美德的重要方法之一，在许多学者那里得到充分地运用，在此以珍奥弗瑞・弗拉茨的运用方法为例分析。

珍奥弗瑞・弗拉茨用1988年美国人关注和保护阿拉斯加鲸鱼的事件提出仁爱(benevolence)可以作为环境美德的德目。弗拉茨指出，仁爱品格的实质是对他人/他者的存在和快乐十分关心的美德。一个在人际伦理中具有仁爱美德，并关心他人的存在和快乐的人具有三点基本特征："(1)他从事的工作一定是对他人的生活有益的工作，体现为非常具有想象力和创造力的重新建构性的工作；(2)在工作和行为中，他尽最大努力搞清楚什么是他人的最大利益；(3)他头脑中的动机是基

① Ronald Sandler, Philip Cafaro. Environmental virtue ethics [M]. Oxford: Rowman and Littlefield publishers, 2005: 4.

于为着他人的最大利益而行动的。”①据此，具有人际伦理之仁爱美德的人首先认识什么是他人的最好的利益所在，然后从为他人利益的动机着眼，积极地、富有创造性地为他人的生活服务，体现的是一种非常纯粹的利他主义的精神，是处理人际伦理中自我与他人之间关系的重要美德。按照伦理拓展主义的策略，仁爱可以拓展到自然环境领域，成为环境美德的德目。问题是，从人际伦理的美德拓展到种际伦理，即人与自然之间的美德，需要怎样的拓展才得以成立呢？弗拉茨的论证思路如下：

首先是道德关怀对象的拓展。具有仁爱美德的人其道德关怀对象的范围可以从人拓展到自然界的其他非人类存在物。非人类存在物不仅包括家养的动植物，如盆栽植物，宠物狗，宠物猫等，还包括野生的动植物，如那些在大自然中野生的狮、虎和野生的花草、树木等。道德关爱的对象不仅包括每个物种中的个体成员，还包括整个的物种；不仅包括已知对我们有用的、为人类所喜爱的自然存在物，也包括那些为我们所讨厌的苍蝇、有毒的植物和叮咬人的小爬虫等等。最终，具有仁爱美德的人其道德关怀的对象拓展到整个生态共同体，如利奥波德所说的大地(land)生态共同体。具有仁爱美德的人将道德关怀对象拓展到整个生态系统中的生物存在物和非生物存在物，通过这种道德关怀对象的拓展，其自身可以融入到自我与整个外在世界的联系中，外在世界包括人和非人类的生态系统的自然存在物。具有环境美德之仁爱品质的人对自然界的关爱也是多种多样、不拘一格的，有的关爱体现在救护小动物上，有些仁爱的人花了大量的时间和精力去保护湿地，有些人像利奥波德和梭罗就是讲述自然生活的故事。总之，评判一个人是否具有环境美德的仁爱之德，是看他是否关爱和确证什么是自然存在物的最大利益，并且按照相关的知识去行动。

其次是具备对自然实施仁爱的道德能力。在人际伦理中的仁爱美德包含着去关注和了解他人的性格、价值、信仰和需要等，然后尽量地去满足他人的需要，符合他人的意愿，促进他人的发展。但是，当仁爱的精神拓展到自然界的存在物，就会发现自然存在物并不能通过语言形式来向我们明确表达他们的意愿和需要。此时，要对自然存在物体现仁爱精神，不仅需要道德上的关爱意识，还需要理智能力

① Ronald Sandler, Philip Cafaro. Environmental virtue ethics [M]. Qxford: Rowman and Littlefield publishers, 2005: 125.

的提升。通过观察自然界的规律，记录自然界动植物的生活习性和变化来获得自然界的规律和需要的信息。通过掌握动物学、植物学、生态学的知识了解什么是对人和自然的最好发展的途径。具有仁爱精神的人在做出对自然存在物的仁爱行为时亦需要以对自然的理解为前提来做决定。与理解自然的能力相适应的，对自然界的仁爱行为是以遵循自然规律为前提的。就此还需要的是开放的心态(openness)和对自然规律的谦逊(humility)。开放的心态让人不断去了解自然界的发展变化，谦逊的品质让我们可以从自然界中学到很多，自然可以教给我们很多东西。真正对自然界具有仁爱精神的人，一定是能够确切把握自然界的需求和人类的需求并能合理协调的人。

再次，为了充分解释环境美德之仁爱的精神，还可以从反面说明与仁爱美德相反的恶习(vice)。弗拉茨提出"仁爱"的环境美德有三个方面的特征，与这三个方面特征相左的就是恶习。

第一个特征是："用一种充满想象力的对非人类存在的它者的生命和生活条件的重建的意愿。"①与这个特点相去的傲慢自大(arrogance)和人类沙文主义(chauvinism)是环境美德方面的恶习。人类的傲慢是认为自然界的存在是为了满足人类的需求和利益的，只承认自然界存在物具有对人类的工具价值，很多人只看到了自然存在物的经济、资源价值而总是问："什么是对我最好的?"他们看不到自然的内在价值，不能对自然敞开心扉，总是用成本/收益的方式来看待自然。嫉妒(jealousy)和贪婪(greed)也是环境美德德目中的恶习。贪婪的人总是把自然界当作资源，并且为了获得自己的最大利益而不断地伤害自然，破坏其他自然存在物的生存地和栖息地。挥霍浪费(profligacy)和贪婪是联系在一起的。挥霍的消费者总是不考虑其他存在物的利益，过度放牧和过度捕猎，只顾及人类的短期利益，而将人类和其他自然存在物的长期利益置于不顾。很难想象一个开着 SUV 和过着高消费的生活的人会对自然具有仁爱之心。

第二个特征是："找到一些那些显示什么是非人类存在物的最好利益的途径(mechanism)。"②那么，不能满足这条规定的两个恶习就是懒惰(laziness)和懈怠

---

① Ronald Sandler, Philip Cafaro. Environmental virtue ethics [M]. Oxford: Rowman and Littlefield publishers, 2005: 130.

② Ronald Sandler, Philip Cafaro. Environmental virtue ethics [M]. Oxford: Rowman and Littlefield publishers, 2005: 130.

(sloth)。有的人非常懒于花时间和精力通过个人的经历或者通过专家的知识去了解周围的自然世界,缺乏对自然的好奇心、耐心和积极深入地参与自然界活动的心思。人们对自然界的了解大多是通过非常肤浅的旅游而体验,开着车到了一个景点拍照然后迅速回到车上,再到下一个景点拍照。这样的浅层的旅游对自然的了解并没有打开通向自然的心灵,不了解自然的深层的信息。

第三个特征是:"具有环境美德之仁爱精神的人的动机永远是按照自然中所学得并以促进自然物的繁盛为目标的。"[①]能否完整地促进自然存在物的每个物种的繁盛是人们讨论的问题,有的人抱着一种犬儒主义(cynicism)的态度认为人类并不能从根本上保护所有的自然界存在物的利益,所以也不用去积极地从事这些活动。弗拉茨认为,这种犬儒主义态度也是一种恶习,具有环境美德之仁爱美德的人即使其努力只能在很小的范围上改善自然存在物的善,他也会尽其所有而行动的。

至此,弗拉茨对适用于人与人之间的美德仁爱拓展到环境美德德目,提出诸如仁爱、开放、谦逊、怜悯、友谊、友善等美德和自大、人类沙文主义、懒惰、挥霍浪费、嫉妒、贪婪等恶习。

运用伦理拓展主义策略探寻说明环境美德德目的环境伦理学家除弗拉茨以外,还有菲利普·卡法罗(Philip Cafaro)、洛克·万·温斯文(Louke Van Wensween)等。菲利普·卡法罗的拓展思路首先从美德概念内涵的拓展开始。人们对美德的一般性理解是指能使其拥有者达到善或好(good)的那些品格特征,如亚里士多德所说的马的美德是跑得快,眼睛的美德是明亮,刀的美德是锋利。在亚里士多德那里,美德是能够促进人类繁盛(human flourishing)的那些品格特征,如生活的简朴(simplicity)可以减少对自然界的欲求及对自然环境的影响,对所生活地方和国家热爱的爱国主义(patriotism)也能自动保护本土/本国的山山水水,最终促进自然界存在物的好,促进人类的繁盛,达到使人类好或善的境界,所以简朴、爱国主义是环境美德的德目。与仁爱的美德相反,卡法罗也专门论证了四种伤害环境的恶习:贪吃(gluttony)、自大(arrogance)、贪婪(greed)、冷漠(apathy)。

---

① Ronald Sandler, Philip Cafaro. Environmental virtue ethics [M]. Oxford: Rowman and Littlefield publishers, 2005: 130.

二、行为者受益思路

行为者受益思路是将那些能够使对环境友好的行为者受益的美德作为环境美德的德目。其寻求的环境美德的边界就是能够找到特殊的品格特征，能够使其拥有者从中受益。但是需要对这种好或善进行说明，这种好处或益处并不简单的只是物质上的好——比如洁净的水和空气——还包括审美意义上的好，娱乐的好，即这种好是从物理上、智力上、道德上和审美上的完善的好。罗纳德·赛德勒说："拥有环境美德的人比没有它的人生活得好，因为他们能从他们与自然的关系中找到奖赏、满足和舒适；他们的品格——他们能够欣赏、尊重和热爱自然的能力使他们能够得到这些益处。"[①]对于环境美德的拥有者来说，拥有这种品德不仅仅是为了保护自然，而是能够培养出可以从多方面的好中悦纳和欣赏自然的品格特征。自然只有在懂得欣赏它的人那里才真正展现出自然美、智慧，展现它与其中居民的多重有意义的关系。也就是说，自然与人的关系不仅仅是物质资源的利用关系，还包含着审美、知识、休闲、娱乐、精神家园、历史等多方面的多重性的丰富关系。具有环境美德的人一定是具有能够全面地体味自然的这种好并且能够从与自然的丰富关系中受益的人，这种美德是环境美德的一种。卡逊、约翰·缪尔(John Mucr)相信每个人像需要面包一样需要自然美，需要地方去玩耍和祈祷(pray in)，自然可以使我们身体强壮，也可以使灵魂得到抚慰(heal)。对于那些接受环境美德的人来说，自然可以是一个稳定地提供快乐、平静、更新的知识的来源。这些也就是在美德伦理学上所说的德福关系。按照这种思路探寻到的美德德目被视为环境美德德目。

比尔·邵(Bill Shaw)按照这种思路，依托并解释利奥波德的大地伦理思想，提出了"大地美德"。比尔·邵的研究从对善或好的意义理解出发。传统的人际伦理的善是对人类的好或促进人类的卓越和繁盛，利奥波德所想象的"最大的善"(the ultimate good)不是指简单的快乐，而是大地包括土壤、水、植物和动物等在内的整个生态系统的和谐，生态系统的完整(integrity)、稳定(stability)和美丽(beauty)就

① Ronald Sandler, Philip Cafaro. Environmental virtue ethics [M]. Oxford: Rowman and Littlefield Publishers, 2005: 3.

是最大的善。与利奥波德的整体主义的善的思想相匹配，大地美德(Land virtue)就是指能够促进生态系统和谐的大善实现的品格特征(character trait)和相应的德目。首先是尊重(respect)。尊重生态共同体，视生态系统中的各种事物为目的。人类共同体是与环境不可分割的一部分，生态共同体中的每个成员都有其自身的目的(telos)和内在价值，人类必须学会尊重这些事物的内在价值。其次是审慎(prudence)。审慎的美德是承认人类有自己的利益，但是必须意识到人类利益短期的效应和长远的利益。具有审慎的美德要意识到我们的科学的不足和我们在理解人类和生态事物方面的不足，正是这种不足导致了人类发展过程中的许多挫折。这些经历教会我们培养冷静的、长远的审视人类利益的态度和性格。第三是实践智慧(practical wisdom)或判断力(judgment)。具有实践智慧和判断力就是对生态共同体和它的成员的利益具有感悟力，在做出行为判断的时候，意识到整个生态系统及其成员的利益。①

三、实现人类卓越思路

实现人类卓越思路是认为人与自然的交往活动也能促进人的特长的发挥，形成人类在与自然交往维度的美德，这种美德能够促进人类的卓越，这类德目是环境美德的德目。

按照亚里士多德的理解，所有事物都以善为目的，植物和动物等各种事物或各种活动都有善，就是使事物本身的活动出色，植物的活动是生长，马的活动是奔跑，植物生长得好和马跑得快就是各自的善。人的活动是灵魂的一种合乎逻辑的实现活动与实践，人的活动的好就是人类的优点或卓越之处，美德就是使人的活动完成得好或出色的品质特征。在对待环境问题时，有友善的高尚的态度和品质，也有恶劣的低贱的态度和恶习，环境美德的德目就是那些促进人类的卓越的美德和妨碍人类卓越的恶习。

在实践中，也就是说具有这样一种品格特征或精神定势，其行为关涉自然环境，其德性指向人，能够促进人的特长的发挥，其中既包括已有德性，也存在融合或

① Bill Shaw. A virtue ethics approach to Aldo Leopold's Land Ethic [M]// Ronald Sandler, Philip Cafaro. Environmental Virtue Ethics. Oxford: Rowman and littilefield pubishers, 2005: 93 - 103.

者创造新的德性的可能。从宏观上讲,人类是自然进化的产物,人类学会了直立行走、劳动、社会分工、语言和制造工具等就是人的特长的展现。人类发展农业、工业,建立国家、社会,发展科学技术,是人的创造性的展现。从微观上讲,自然的神秘莫测培养人敬畏、勇敢、探索和求知的精神,自然培育万物生生不息,培育人"重生"、"大爱"的美德;自然资源的有限性磨砺人勤俭节约的美德,《易经》有"天行健,君子以自强不息;地势坤,君子以厚德载物",说明人与自然交互作用过程中的人法自然,习成美德,使人发挥其优点和长处,展示为德性的过程。在这个意义上,环境德性伦理的建构架构于人与自然交往的客观事实过程,汲取长期以来的德性传统精华,着眼于在生态文明时代构建人与自然交往的新德性。这是新亚里士多德主义的理解,即关爱环境最终也会使人受益,中国古代对"德"字的理解也有"外得于人,内得于己"的说法。罗纳德·赛德勒说:"好的环境品格的价值不仅在于它引导正确的行为,它同时也能够使它的拥有者受益。欣赏、尊重、好奇和自然的精神定势能使人们从他们纳入与自然的关系中发现回馈、满意和舒服。"①

托马斯·希尔探寻环境美德德目的思路就是从人类卓越的理念与环境伦理的角度来思考的。希尔先生认为环境伦理学"让我们从寻找一些行为为什么对自然环境是破坏的理由转向一个古老的、清晰明确地表达我们关于人类卓越的理念(ideals of human excellence)。……与其那些环境破坏者问'为什么我的行为是不道德的',还不如问'什么样的人会去做破坏环境之事'"②。希尔先生发现,那些倾向于破坏环境的人,从功利角度看比较短视,他们没有看到自然环境事物的长期效益,并且低估人类对自然环境的伤害。除此之外,那些人最大的缺点是缺少人之为人的特性(human trait),缺少对自然秩序中他们的位置的恰当理解,缺少对自然的热爱和谦逊的态度。那些人的态度根植于无知、狭隘的视野,没有能够把自然事物当作自己的一部分,或者不愿意接受自己是自然存在,他们不理解自己在宇宙中的位置。"他们好像不理解我们只是宇宙中的一个小小的点,进化过程中的一个短暂阶段,只是地球上千千万万个物种中的一种,是人类历史过程中的一段插曲。……理解自己的位置不仅仅是智力上的理解,还是一种反映他所知道的和他所看重的

---

① Ronald Sandler. Character and environment: A virtue-oriented approach to enviromental ethics [M]. New York: Columbia University Press, 2007: 2.

② Thomas E. Hill. Ideals of human excellence and preserving natural enviroments [J]. Enviromental Ethics, 1983,5(3): 215.

态度。”①希尔提出，在保护自然环境中能体现人类卓越和促进人类繁盛的环境美德德目是“适度的谦逊”（proper humility）。缺乏对自然环境“适度的谦逊”的人不了解自己在自然中的位置，而且表现得非常自负（self-important），他只根据自己认同的标准行事，通常表现得不尊重他人也不会尊重他物。自负是阻碍人发展尊重他人、尊重自然美德的重要障碍。具有“适度的谦逊”美德的人，十分重视自己和自己所生活的共同体中的其他人和其他的事物，对其他人和其他的事物表现出极度的尊重，谦逊地看待他人的存在和价值。

四、绿色人物品格思路

绿色人物品格提炼从那些具有环境美德的道德人物的生活事迹和品格中去归纳，将他们拥有的品格特性作为环境美德的德目。“最近环境伦理的努力是企图运用那些有影响力的道德学家和环境保护主义者的事迹去说明一种能够把环境行动主义和人类繁荣发展的理念结合在一起的伦理。”②菲利普·卡法罗通过考查梭罗、利奥波德和卡逊三位在环境保护思想方面有影响的绿色人物的生活事迹来寻求环境美德的德目。卡法罗认为，梭罗、利奥波德和卡逊三位绿色人物唤起了我们对在自然中如何过好的生活的思考。在“保护自然是为了我们自身的物质利益”（人类中心主义）和保护自然是“为了自然物的内在价值”（非人类中心主义）的争论之外，他们三人又增加了保护自然是“为了保存人类的能力和帮助我们成为更好的人”（美德伦理）的理由。《瓦尔登湖》表现了梭罗的善的生活理念，包括健康、自由、快乐、友谊、经历丰富和知识（关于自我、自然和上帝）、自我修养和个人成就。简朴是梭罗美德的关键。梭罗的简朴不是思想或者经历的简单，而是通过对外在事物的有限消费而丰富自己的思想和经历。同时，在资本主义社会中，过简朴的生活也可以减少自己和雇主交换的工作时间而获得更大的对自由时间的支配。从环境美德的角度，简朴的生活可以减少对外在的其他存在物的影响。利奥波德在《沙乡年鉴》中给自然物赋予了很多的“美德”，而且认为人类和自然存在物有类似之处。在

---

① Thomas E. Hill. Ideals of human excellence and preserving natural enviroments [J]. Enviromental Ethics, 1983,5(3): 215.

② Robert Hull. All about EVE: a report on environmental virtue ethics today [J]. Ethics and The Environment, 2005,10(1): 91.

整个生态系统中,"完整"、"稳定"和"美丽"是生态系统的美德,也是评判人类和其他非人类存在物的标准。在利奥波德使用的道德语言中,"Integrity"这个单词,有诚实、正直、廉正和完整的意思。从人的道德品质来讲是诚实和正直,对生态系统来说是完整,两者之间在语意上的关联是具有一定的环境美德意蕴的。《寂静的春天》的作者卡逊被称为"美国环保运动之母",与托马斯・希尔一样,她将谦逊视为环境美德的基本德目。她说,控制自然是人类自大和傲慢的夸口,假定自然是为人类的便利而存在的想法是人类的生物学和哲学还处在穴居时代的认知。卡法罗在对三位在环境哲学方面有深入思考和生活实践的绿色人物的生活和思想进行分析后,概括出具有环境美德的人的信念:"(1)将经济生活置于恰当的位置——也就是说人类舒适的和好的生活不是无止境的获得和消费;(2)既倚重科学,又要正确评价科学的有限性;(3)持非人类中心主义(non-anthropocentrism)的观点;(4)对荒野的欣赏和支持荒野保护;(5)具有基本的信念:好的生活既包括人类,也包括非人类在内。"[①]所以,"谦逊"、"简朴"、"正直"等绿色经典人物的生活事迹和思想中体现出的美德成为环境美德的德目。

综上所述,按照"拓展主义"、"行为者受益"、"实现人类卓越"和"绿色人物品格提炼"四种思路确立的环境美德德目包括:仁爱、谦逊、开放、怜悯、友谊、友善、尊重、审慎、实践智慧或判断力、简朴、整体意识等。相应的恶习包括:傲慢自大、人类沙文主义、懒惰、懈怠、犬儒主义态度等。需要说明的是,以上列出环境美德德目的探寻策略是从伦理学理论的内在逻辑上进行区分,区分的目的是为了理论说明的清晰条理。在实际的学理研究中往往是多种探寻路径的混合使用或综合运用,既有从绿色人物或道德楷模的实践中归纳的,也有从一般意义上进行伦理拓展的。

而且,即便按照这四种思路,经过解释和置于人与自然关系背景下的可以作为环境美德的德目也远不止这些。在实际运用中,在各种各样的文献中使用的环境美德语汇也更多。洛克・万・温思文对此做过搜集和整理,她统计了自 1970 年以后的有关环境文献中用过的环境美德和恶习的语汇。经过她的统计,共有 189 种美德与 174 种恶习的德目概念被作为环境美德德目,美德如敬畏(awe)、关爱

---

① Philip Cafaro. Thoreau, leopold and carson: Toward an environmental virtue ethics [M]// Ronald Sandler, Philip Cafaro. Environmental Virtue Ethics. Oxford: Rowman and littilefield pubishers, 2005: 37 - 38.

(carefulness)、共情(empathy/sympathy)、节俭(frugality/thrift)等,恶习如滥用(abusiveness)、盲目(blindness)、粗野(brashness)、故意损坏公物(destructiveness/vandalism)、享乐主义(hedonism)、实用主义(pragmatism)、浪费(wastefulness)等等。

第二节 环境美德德目体系构建

一、赛德勒和温斯文的德目类型图

罗纳德·赛德勒2007年出版了他的著作《品格与环境——美德导向的环境伦理学进路》(*Character and Environment: A Virtue-Oriented Approach to Environmental Ethics*)。他认为,美德伦理学的理论和指导实践的充分性应该在人类各种伦理境况下加以检验,包括个人的(personal)、人际的(interpersonal)和环境的(environmental)三重维度。在环境维度,罗纳德·赛德勒结合自己的理论论证构建了一个环境美德的类型表(见表4-1)。在这个类型表中,他将环境美德分为积极关心环境的美德(environmentally responsive virtue)、证明环境正当性的美德(environmentally justified virtue)和促进环境善的美德(environmentally productive virtue)三类。在三大类下的具体分类中,赛德勒认为环境美德是从两个层面涌现的:

一是从环境与人类的繁盛的关系中涌现的美德。在环境与人类的繁盛关系中涌现的环境美德的集合包括:(1)可持续的美德集合(virtues of sustainability),具体德目有节欲(temperance)、节俭(frugality)、远见(farsightedness)、协调(attunement)和谦逊(humility)。(2)与自然交流沟通的美德(virtues of communication with nature),指能够使人们从自然中受益和愉悦的美德,包括的德目有好奇(wonder)、坦诚(openness)、审美意识(aesthetic sensibility)、专注(attentiveness)、爱(love)。(3)环境行为主义的美德(virtues of environmental activism),德目包括合作(cooperativeness)、保护(perseverance)、尽责(commitment)、乐观(optimism)和创造(creativity)。(4)环境托管美德(virtues of environmental stewardship),包括的德目有仁爱(benevolence)、忠诚(loyalty)、正

义(justice)、诚实(honesty)和勤奋(diligence)。

二是从环境自身的价值中提出的美德。赛德勒认为环境事物有自身的内在价值,人们应该具有为了自然事物自身的善和价值而考虑的美德。这就是敬畏自然的美德(virtues of respect for nature),包括的德目有关爱(care)、怜爱(compassion)、补偿正义(restitutive)、不做恶(non-maleficence)和生态悟性(ecological sensitivity,或译生态意识)。最后,赛德勒认为生态系统和物种也有自身的善,也应该包括在环境美德系统中,他称之为大地美德(land virtue),包括的德目有爱(love)、体恤(consideration)、协调(attunement)、生态悟性(ecological sensitivity)和感激(gratitude)。这样,赛德勒的德目系统就构成了一个环境美德的类型表(见表4-1)。

表4-1 环境美德的类型(A typology of environmental virtue)

大地美德 land virtue	可持续美德 virtues of sustainability	与自然交流的美德 virtues of communication with nature	敬畏自然的美德 virtues of respect for nature	环境行为主义的美德 virtues of environmental activism	环境托管美德 virtues of environmental stewardship
爱 love	节欲 temperance	好奇 wonder	关爱 care	合作 coopertiveness	仁爱 benevolence
体恤 consideration	节俭 frugality	坦诚 openness	怜爱 compassion	保护 perseverance	忠诚 loyalty
协调 attunement	远见 farsightedness	审美意识 aesthetic sensibility	补偿正义 restitutive justice	尽责 commitment	正义 justice
生态悟性 ecological sensitivity	协调 attunement	专注 attentiveness	不做恶 nonmaleficence	乐观 optimism	诚实 honesty
感激 gratitude	谦逊 humility	爱 love	生态悟性 ecological sensitivity	创造 creativity	勤奋 diligence

Ronald Sandler. Character and environemt: A virtue-oriented approach to environmental ethics [M]. New York: Columbia University press, 2007: 82.

赛德勒的分类思路是从环境自身、环境与人的繁盛的关系中分别生成环境美德的德目，然后根据对环境的善和对人类的善进行划分，他的分类思路具有三个方面的特点：其一，是对早期环境伦理学思想的综合和总结，譬如可持续发展的环境伦理、敬畏自然的美德（泰勒和施韦泽）、大地美德（利奥波德）等；其二，具有浓郁的西方文化背景和西方伦理学背景，其中托管（stewardship）是西方基督教伦理中论述人与自然关系的说法，作为托管行为的美德反映了西方伦理学的内容；其三，其分类内在的逻辑区别不是很大，他自己也承认，环境美德的类型是多变的，一个德目可能是多个集合的交集。

洛克·万·温斯文在她的著作《泥土美德：生态美德伦理学的出现》(*Dirty Virtues*：*The Emergence of Ecological Virtue Ethics*)一书中从语义学和解释学的视角构筑了一个二维的环境美德类型表(见表 4－2)。在她对 1970 年以后出现的生态文献中的德目和恶习分别进行统计后，她的类型图表更多的是对德目提出思路的一种列表。她将美德德目用图像概念表示，分别为神性的力量(divine power)、宇宙拥抱(cosmic embrace)、法律(book of law)、基质(matrix)、金字塔(pyramid)、共同体(community)，上面的图像构成了二维表的纵轴。各个图像的不同功能有动力(impetus)、支持(support)、限制(limitation)、方向(direction)、保持(preservation)、建设(construction)、选择(choice)。她对自然和伦理的分类更多的是从隐性的内在逻辑上而不是显性的德目罗列。

表 4－2　Nature and ethics：a working typology

image / function	动力 impetus	支持 support	限制 limitation	方向 direction	保持 preservati-on	建设 construction	选择 chhoice
神性力量 divine power	提供权威 provides authority			揭示观点 reveals vision		揭示行动计划 reveals plan of action	揭示选择 reveals choices
宇宙拥抱 cosmic embrace				结构美德 structures virtue		结构美德 structures virtue	
法律 book of law			立法 legistaltes	促生理念 helps develop ideals			

续　表

image / function	动力 impetus	支持 support	限制 limitation	方向 direction	保持 preservation	建设 construction	选择 chhoice
基质 matrix	提供意义 provides meaning	修复完整性 restores wholeness					
金字塔 pyramid							价值等级 ranks values
共同体 community		营养行为 nourishes activates	表明生存极限 shows limits of survival	需要整合功能 requires integrated functioning	模型保持功能 models preserving functions	模型构筑功能 models constructive functions	

Louke van Wensween. Dirty Virtues: The Emergence of Ecological Virtue Ethics [M]. New York: Humanity Books, 2000: 168.

总体而言，赛德勒和温斯文根据自己的理论体系对环境美德德目进行分类。可是，文化的区域性、历史性使德目的理解一定与对文化的理解相联系，甚至包括德目本身的语言运用。上述德目探寻是西方环境伦理学家在西方文化背景下的环境美德德目探寻和阐述，在中国文化的背景下，在中国环境伦理本土化建设的诉求下，哪些德目是中国文化中认可的环境美德德目，如何理解和表述，也是在接下来的德目体系架构和德目内涵阐述中要做的工作。

二、中国话语的环境美德德目体系

在中国文化和中国社会现实背景下进行德目体系架构，必须紧紧把握中国伦理文化的特点。中国伦理文化最显著的特征是天人合德的文化理念，天人合德包含三个层次的意思：

第一，与西方环境美德的拓展主义思路有所不同，中国伦理文化调适的对象一开始就包含着“天”，包括物质之天的自然界的事物，故在中国传统文化的许多德目中已经孕育着天人之间的伦理关系。中国文化中自古讲“人法地、地法天、天法道、道法自然”，人际伦理的来源之一即是自然界的规律。薛富兴认为环境美德是一种新德性，是“立足于新天人观、当代环境现实背景而提出的对传统人类德性的反省：人性善恶中应当包括如何对待自然同伴这个参照系，应当在如何对待自然中确定人性之善恶。当然，这里的人性是指文化人性，即后天文化教育中所培养和陶冶的人格，而非自然本能”①。所以，中国文化德目的解释存在着在面向自然意义上的本义发掘或重新解释，但不大像西方的从人际伦理拓展或跨越鸿沟到人与自然的伦理关系。

第二，中国伦理文化是一种德性主义伦理文化。与西方宗教本位的文化相比，中国文化是伦理本位的文化，也就是伦理关系和伦理精神在中国社会生活和社会文化中占据重要位置，而且由于中国文化缺少像西方一样的宗教的“神”或上帝，在社会生活层面最初又是以农业生产和村社居住为主的熟人社会生活方式，社会伦理关系中重权变轻规则，所以对个体德性的追求和道德评价高于一般性的规范原则，具有明显的德性主义特征。道德范畴既是调整社会关系的道德规范和道德原则，也是个体进行道德修养、品德锤炼的内容，它还是中国人安身立命的精神追求和终极关怀的力量。“天”是物质之天，德性之天，也是准宗教的精神寄托和灵魂追求的天。在这个意义上，德性主义的伦理文化非常注重人的美德。即便进入到现代社会的生活，规则意识不断加强，但是注重个体内在的品德在现代社会生活中也依然发挥重要作用。

第三，天人合德的人与自然关系追求人与自然的和合。《易传》有“保合太和，乃利贞”(《周易集解》卷一)，认为保持完满和谐，万物就能顺利发展。《管子》认为，“蓄之以道，则民和；养之以德，则民合。和合故能习”(《管子集校》第八)，认为蓄养道德，则人民就和合，和合便能和谐，和谐所以团聚，和谐团聚，就不会受到伤害。和谐是中国伦理文化中天人关系、人际关系和人与自我关系的共通的主旨。

同心圆的环境美德德目体系是在中国伦理文化基础上的环境美德德目阐释和体系构建。同心圆的“圆心”是“和合”的价值追求。“和”是人与自然的和谐，人与人的和谐及人与自我的和谐。“合”是“天人合一”、“天人合德”的基本理念。作为“圆心”，在人与自然层面上追求和谐、合德的道德价值和人生境界。同心圆的第二

① 薛富兴. 铸造新德性：环境美德伦理学刍议[J]. 社会科学，2010(5)：116.

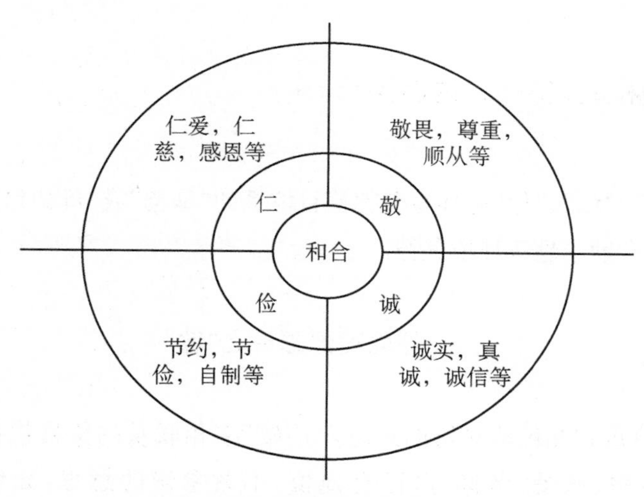

图 4-1　同心圆的环境美德德目体系

个圈层是四个基本的环境美德德目。在日常生活实践中和各种伦理学理论中，用以指称和表达人们道德品质、道德内涵的德目有上百种，在不同的伦理文化中有不同的基本德目，如西方亚里士多德美德伦理传统有四种基本德目（The Cardinal Virtues），即审慎（prudence）、坚毅（fortitude）、克制（temperance）、公正（justice）；基督教道德有三德，即信（faith）、望（hope）、爱（charity）；儒家的传统美德的德目中有"三达德"，即"智"、"仁"、"勇"。温斯文统计的美德的德目达 189 种之多，中国传统文化中除基本德目之外也有"温、良、恭、俭、让、信、礼、孝、悌、行"等各种德目，因此环境美德德目体系构建需要基本德目或"母德"以囊括众多的环境美德德目。"敬"、"诚"、"仁"、"俭"构成了环境美德的基本德目，每一个母德目又包括许多内涵相近的德目，这些德目分布在同心圆的第三圈层，并且呈放射状、开放性的，不断丰富的状态。

将在中国文化语境下的环境美德德目体系构建为同心圆的另外一重意蕴，在于说明中国伦理文化中的环境美德与人际美德的相融性，也就是从文化原点上看，中国伦理文化中并没有将自然排除在伦理关爱的对象之外，而是将自然视为美德之源，美德源于自然，因此在环境美德的德目体系中也使用了传统美德的德目，所不同的是对其进行环境伦理意蕴的内容阐释，或者揭示其原有的未被重视的或被遮蔽的环境伦理意蕴，在这点上也体现了"天人合德"的思路。

第三节 环境美德德目内容阐释

“敬”、“诚”、“仁”、“俭”是环境美德德目体系的“基德”或“母德目”，对其环境伦理意蕴的阐释有助于理解环境美德。

一、环境美德德目之“敬”

“敬”，有尊重和礼貌地对待的意思，与“敬”字相联系的德目包括敬畏、尊敬、尊重、孝敬、恭敬、敬爱、敬仰等；还有谨慎、不敢怠慢的意思，如慎始敬终。与“敬”对应的英文单词为 respect，respectfully，reverence 等。在人际伦理中，“敬”表示对尊长、宾客等表现出的礼貌、谦卑和恭敬的态度。“敬”作为环境美德之首要的德目，是人对自然具有“敬畏”、“敬重”、“尊重”、“恭敬”的道德态度和道德品质。

人对自然的态度与人们如何看待自然，如何描述自然，与人们的自然观有密切关系。通常我们知道人类自然观的变化都是从蒙昧时期的崇拜自然，到科技和工业文明时期的征服自然，再到当代寻求人与自然的和谐的“三段论”，是比较抽象的逻辑分析。卡洛琳·麦茜特(Carolyn Merchant)从人类描述自然方式的变化来考察隐含在人们思想观念后面的人类有关自然的文化价值观念的变化。根据她的描述，一直到 16 世纪，人们的自然观从本质上都是有机体自然观，认为自然是活的有机体。“有机理论的核心是将自然，尤其是地球与一位养育众生的母亲相等同：她是一位仁慈、善良的女性，在一个设计好了的有序宇宙中提供人类所需的一切。自然作为女性的另一种与养育者形象相反的形象也很流行：不可控制的野性的自然，常常诉诸暴力、风暴、干旱和大混乱。仁慈的养育者和非理性的施虐者均是女性的性别形象，均是女性性别的特征观念向外部世界的投射。随着‘科学革命’的推进和自然观的机械化与理性化，地球作为养育者母亲的隐喻逐渐消失，而自然作为无序的这第二个形象唤起了一个重要的现代观念，即驾驭自然(power over nature)的观念。两种新的观念，即机械论、对自然的征服和统治。成了现代世界的核心观念。”①当人类把地球比喻为生养自己的母亲时，其背后的文化价值观念中可形成一种约束人类行为的道德强制力，即人类不可以对母亲进行压榨和迫害。相反，当人类将自然看作是统治和支配的对象时，人类对待自然的道德态度发生了巨大的变化，这种观念以科学革命以及相应的机械论自然观为代表。弗朗西斯·培根作为科学革命的倡导者，极力倡导对自然的征服和探索，对自然的研究类似在刑讯室对女巫的审判。他说：“正如人不被弄上十字架，你永远也不知道或证明他所欲想，不把变幻无常的希腊海神束紧捆牢，他也从来不会改变形状。故此，自然也只在审讯和技术(机械装置)的逼迫下，才最能显现自身。”②。近代科学以“拷问自然”的态度对自然进行了研究、解剖、挖掘、利用和迫害，科学技术对自然的“祛魅”所带来的道德态度的变化就是对自然毫无敬畏和敬意，认为自然是给人类提供资源的实体和供人类消费和“奴役”的对象，人类对自然的改造越大就越主张人类对自然态度的傲慢与粗暴。生态环境危机既是征服和奴役自然的态度的恶果，也可以看作是自然对人类行为的“报复”。卡洛琳·麦茜特以“自然之死”指出机械主义和征服自然的道德态度导致了“自然之死”。

与卡洛琳·麦茜特揭示的西方古代早期有机论自然观相类似，中国古代哲学中的自然观也是有机论自然观，自然通常被称为“天”，而“天人合一”是中国古代哲学思想的基本观念。中国哲学的基本问题是“究天人之际”，当然“天人之际”包含着多重的含义。其一是自然的物质之天，天人之间存在着物质、信息和能量的交换关系；其二是规律之天，“道”是天的根本规律，“人道”要法天道，人的社会规律要符合自然的规律，是为“天人合一”；其三是道德之本体，天是道德的本原，“天人合一”就是指人以自己的品德“敬天法祖”、“敬德保民”、“修德配天”。“天人合一”包含着宗教的、艺术的、哲学的、审美的和伦理的关系，“天”是自然的物质之天，是本体和规律的“道之大原”，是精神的道德的天。“天人合一”的核心思想在儒家那里是“天人合德”，即君子要观察和学习自然界运行的规律和自然事物中所体现出来的美德并向之学习，从而达到“天人合一(德)”的道德境界。作为意志之天、规律之天、道德之本原，人对天的道德态度是顺从的、敬畏的，敬重、遵从的美德，可以视为古代

---

① 卡洛林·麦茜特. 自然之死[M]//杨通进，高予远. 现代文明的生态转向. 重庆：重庆出版社，2007：17—18.

② 卡洛琳·麦茜特. 对自然的支配[M]//章梅芳，刘兵. 性别与科学读本. 上海：上海交通大学出版社，2008：241.

的环境美德之一。工业文明的兴起和科学革命后的机械主义及征服自然的观点伴随着西方文明的传播和全球现代化的追求，同样促使中国社会经历了现代化对自然的征服和破坏，严重的生态危机是与中国现代化相生相伴的后果。故而，“自然之死”是中西共同面对的问题。

面对严重的生态危机和人类倚靠科学对自然的傲慢，环境伦理学家从对自然观的反思到对人的道德态度的批判，“尊重自然”、“敬畏自然”的道德要求在这个时代重新被提出。阿尔贝特·施韦泽、保罗·泰勒、霍尔姆斯·罗尔斯顿和利奥波德都从不同的角度阐述了对自然的尊敬、敬畏、尊重之美德。

施韦泽在非洲丛林的行医经验让他逐渐悟出人应该将敬畏生命作为敬畏自然的美德。他说：“有思想的人体验到必须像敬畏自己的生命意志一样敬畏所有的生命意志。他在自己的生命中体验到其他生命。对他来说，善是保存生命，促进生命，使可发展的生命实现其最高的价值。恶则是毁灭生命，伤害生命，压制生命的发展。这是必然的、普遍的、绝对的伦理原理。”[①]保罗·泰勒于1986年出版了《尊重自然》(*Respect for Nature*)一书，相比于施韦泽的实践感悟，泰勒努力寻找一个综合的、系统的存在于人与生物之间的道德关系的证明。他说：“我论证的环境伦理理论的中心原则是：当其要表达和体现的具体的最终的道德态度是，我称之为尊敬自然时，其行为和品德就是好的和道德的。”[②]泰勒提出尊重自然的道德理由是每个物种都有其明确的本性，都有其固有价值(inherent value)。与泰勒的固有价值相似，霍尔姆斯·罗尔斯顿对自然的尊重也是从价值论特别是从内在价值(intrinsic value)的角度来论证的。与泰勒一样，罗尔斯顿认为无论是路边的野花还是山间的小鸟，它存在的价值和生命的意义因其自身而存在，不因为它们对人类的有用与否而决定，也就是自然界的事物本身具有内在价值，内在价值是独立于它对人的功利价值的。传统伦理学根据自然事物对人的有用程度来被赋予价值，罗尔斯顿认为人应该尊重自然事物的内在价值，故而尊重自然的道德依据在于尊重自然界事物的内在价值。被比尔·邵称之为“大地美德”的利奥波德的思想中也把对自然的敬畏和尊重作为环境伦理的美德。利奥波德认为我们要改变过去那种将自然视为征服对象的观点，而应该从生态学的整体主义角度出发，将人类仅仅看作

① 阿尔贝特·施韦泽. 敬畏生命[M]. 陈泽环，译. 上海：上海社会科学出版社，2003：9.
② Paul Taylor. Respect for nature [M]. Princeton, NJ: Princeton University Press, 1986: 80.

是生态共同体的成员。利奥波德说："哲学告诉了我们为什么不能破坏地球而不受道德上的谴责，也就是说'死'的地球是拥有一定程度的生命的，应当从直觉上得到尊重。"①无论是从实践体验、固有价值、内在价值还是从生态学的整体性出发，人类都应该对自然表示尊重和敬畏。

作为既吸收中国"敬天法祖"的文化传统又大力发展现代科技和工业文明的当代中国社会，"敬"作为环境美德的"基德"有着丰富的内涵。中国历经几千年的农业社会，人们对自然持有的是由"畏"而"敬"的道德态度，"畏"是因为作为意志之天，自然界的风调雨顺与政治上的统治以及民心联系在一起，所以对天地要表示出"畏"；而"敬"的态度，有天坛地坛祭天祭祖活动表达对自然的"畏"和"敬"的道德态度。随着工业化和科学技术的发展，在破除封建迷信思想的过程中将对自然的敬畏也丢弃了，在经济利益的驱动下对自然大肆开采掠夺。吊诡的是，越是经济发达的地区，越是缺乏对自然的敬畏；越是经济欠发达的地区，甚至部分有宗教信仰的地区，人们越是利用宗教文化的力量保留着对自然的"虔敬"的道德态度。那么，在生态文明的大背景下，环境美德的"敬"是什么样的敬呢？由于"畏惧"而产生的"敬"已经被科学技术的力量所消解，生态文明的"敬"应该是对包含着对人自身的自然存在的生态规律的客观理解，对生态价值和非人类存在物物种的内在价值的理解，以及人类作为生态系统高级存在物维护生态系统平衡的道德责任产生的道德的"敬"。"敬"包含着对自然事物利益、价值的肯定，也包含着对人类自身破坏性生存的制约，是基于理性的、道德态度上的"敬"。

"敬"在中国传统文化中与"孝"相连，"孝"又与"顺"相连。"孝"表达的是晚辈对于长辈、后辈对于祖先的敬重和感恩。"慎终追远"、"敬天法祖"、"尊敬长辈"是中国文化中"敬"与"孝"相联系的钮结。人对自然生态系统所提供给人类的各种生存环境应该持有感激、感恩的态度。在此，感恩作为一种美德也包括在人与自然的关系中，具有感恩的美德的人时常感念自然的赐予并且珍惜自然的赐予，对自然不是持有征服、榨取的态度，而是将对自然的感激之情视为回报母亲般的情感。对于自然而言，作为人际美德的"孝敬"可以人类对自然母亲的敬重和感恩为基础。这

---

① Leopold. Some fundamental of conservation in the southwest [M]//Aldo Leopold, Sunsan L Flader, Baid Callicott. *The River of the Mother of God And Other Eassys by Leopold*. Wisconsin: University of Wisconsin Press, 1991: 95.

不是因为对自然的畏惧或者征服，而是因为对自然给予万事万物成长而养育人类的感恩之情来"顺从"自然的规律。不要盲目地、暴虐地蹂躏自然，具有对自然的感恩和顺从的道德态度也是环境美德的德目。与西方的理性主义相对比，中国文化更强调关系、联系和情感对道德的作用，感恩和顺从的道德情感是"敬"之环境美德的情感基础。

二、环境美德德目之"诚"

"诚"是中国传统伦理学的经典德目之一，包括真诚、坦诚、诚实、诚信、诚恳等意思。在现代人理解的"诚"的意义上，往往是一种内心道德态度，特别是对人的真诚无欺的道德态度和诚实的品质，且"诚"的道德态度往往强调一种道德动机，也具有一定的互动性和回应性。但是，对自然具有真诚的道德态度似乎离现代人的道德理解比较远，这需要与中国传统文化中"诚"的意思联系起来理解。

在中国古代哲学中，诚不仅仅是人与人之间的真诚、诚实的道德范畴，"诚"首先是天道，是本体，是最高的运行规律，"诚"是一个本体论范畴。《中庸》有："诚者，天之道也；诚之者，人之道也。"(《中庸》第二十章)作为天道的"诚"，是本体论范畴，是与其他本体论概念相同的概念，如"道"、"太极"、"太虚"、"理"等。王国维认为："周子之言'太极'，张子之言'太虚'，程子、朱子之言'理'，皆视为宇宙人生之根本，与《中庸》之言'诚'无异。"①"诚"是自然界和人必须遵守的最高法则。作为本体的"诚"，特别是将自然界的运行规律定义为"诚"，是"诚"作为环境美德德目的本体依据。

作为本体论范畴，"诚"既是天道本体，也是人道运行的依据，为此，人道运行的根本在于"诚之"、"思诚"。孟子曰："是故诚者，天之道也；思诚者，人之道也。至诚而不动者，未之有也；不诚，未有能动者也。"(《孟子·离娄上》)人道的"使命"或根本在于"思诚"、遵循"诚"之道，包括在人的社会生活的各个方面。荀子将天道之"诚"与人道的政事相联系。荀子说："天地为大矣，不诚则不能化万物；圣人为知矣，不诚则不能化万民；父子为亲矣，不诚则疏；君上为尊矣，不诚则卑。夫诚者，君子之所守也，而政事之本也。"(《荀子·不苟》)《周易·上经·乾》认为："君子进德

① 王国维. 王国维学术经典集：上册[M]. 孟彦弘，编. 南昌：江西人民出版社，1997：124.

修业。忠信所以进德业。修辞立其诚，所以居业也。”君子建功立业应该注重道德修养的提高，忠实、诚信则是提高道德修养的关键。“夫诚者，君子之所守也。”诚在儒家中成为治世之道，治世之本。

在个人的道德修养中，“诚”是美德和善行的来源。宋代周敦颐认为“诚”是五常之本，百行之源，“诚”是仁、义、礼、智、信五常的基础和各种善行的开端。诚是个人道德修养的基础，也是人生境界的追求。《礼记·中庸》道：“自诚明，谓之性；自明诚，谓之教。诚则明矣，明则诚矣。”又说：“惟天下之至诚，为能尽其性；能尽其性，则能尽人之性；能尽人之性，则能尽物之性；能尽物之性，则可以赞天地之化育；可以赞天地之化育，则可以与天地叁矣。”张载对此解释为：“自明诚”，由穷理而尽性也；“自诚明”，由尽性而穷理也。[①] 由此可以看出，“自诚明”和“自明诚”都是知晓和尊重天人关系的道德路径。作为个体的道德修养，真诚的道德态度来源于对天道的参悟，从对天道至诚的“认识”和“道德动机”出发，则可以领悟人性，能够领悟到人性的根本，则能够顺从物的本性，对人性和物性的领悟则可以明了天地之大道理，使人能与天、地并列为三，这是一种很高的道德境界，可以看作是冯友兰先生的“天地境界”。

从对传统文化的分析中可知，“诚”有两个关键点是环境美德德目的基础，以此来分析当前如何为“诚”，为环境美德之“诚”。其一，“诚”是天道，是规律，是需要参悟和知晓的对象。人们对自然的了解和参悟有着不同的途径，古代人主要从自然中感同身受并逐渐体悟自然的规律。现代人主要借助于理性分析和科学技术手段认识自然并改造自然。随着近代科学技术的不断进步，人对自然规律的了解可谓是非常地深入，人类可以上天揽月，下海捉鳖，这个可以看做是某种程度的“诚”，是对天道本体的孜孜以求的认识。

按照古人对“诚”的理解，人与天之间应该达到高度的合一，参天地之化育，为何今天我们的科学技术进步和发展了，却面临严峻的天人关系的冲突和矛盾了呢？究其原因，是现代人在参悟天地之诚的时候，仅仅将“诚”作为天道规律，遵循其客观性的一方面，将对天道之“诚”的参悟知识化，以知识的传授代替内心的道德启迪，以为学习知识就可以达到“诚”。其二，古人的“诚者，天之道也；诚者，人之道也”是具有双重性的，“诚”既是规律之天，也是道德之天，参悟自然的天道本体不仅

---

① 王夫之. 张子正蒙注[M]. 北京：中华书局，1975：96.

仅需要理性的知识，还需要德性，即从内心道德世界中真诚地尊重和遵循自然规律，虔敬地将自然视为最高的本体和最高的规律，而非在了解一部分自然规律后就膨胀和自大，以人道僭越天道必然遭到自然的报复。人类对自然的胜利可以在自然的某些局域改变，但是从自然整体而言，人如果失去了对自然的真诚的、尊重的、敬畏的道德态度，就达不到以诚与天地合的境界。卢风认为："诚乃天地之德，自然之德，在人类的认识中，只有道德规范与自然规律统一起来，人才能顺天地之德。现代人将道德与自然知识截然分开，失去了诚，人们不仅互相欺骗，而且欺骗自然，从而愚蠢地自欺。也就是说，现代人扭曲了德。……人类若能与自然物以及自然真诚交流，就可以超越现代主观主义的主观性，从而达到超越现代主观主义的客观性。物理学、生物学等自然科学能在一定程度上达到超越主观主义的客观性，从而描述人类尚未出现之前的世界；现代生态学也能在一定程度上达到超越主观主义的客观性，从而能解释非人存在者的目的。"①为此，作为环境美德的"诚"需要将对自然规律的理性认识和德性修养结合起来，这样的"诚"就贯穿了自然、社会和人三个层面，成为贯穿于一体的"诚"。

"诚"作为环境美德还有一个佐证，与中国传统文化中对"诚"的规律性和道德性理解相似，"诚"或者"诚实"在英文中意思相近的单词有"integrity"，字典上的解释有两重意思：一是正直，诚实；二是完整。这两个含义初步看起来意思相去甚远，如果从"诚"的意思的双重性来理解，那么作为"完整"的意思的"integrity"可以看作是客观性的理解，当代生态学家在叙说生态系统的完整性的时候，使用的也是"integrity"，所以完整可以理解为对自然生态系统完整性的领悟，是规律性的、知识性的理解。"integrity"作为正直、诚实来理解，则是道德性的态度和品质。生态系统的完整性和个体正直、诚实的品德综合在"integrity"一个单词中，也可以从西文理解中佐证"诚"作为环境美德德目的意思。"integrity"的双重内涵还可以从个人的完整性与德性角度来理解，德性是一个人根本的存在方式，作为一个完整的人应具有真诚、正直的道德品性。作为环境美德的德目，人的完整性还应该与作为生态系统中一员的完整性理解相结合，人认识到自己是自然界的一个物种，一个片段，人的完整与自然的完整性是融为一体的，人的德性也是与自然的完整性，与人之为人的完整性融为一体的，故"integrity"作为环境美德的德目，与"诚"的意思具

---

① 卢风.论儒家之"诚"的启示[J].哲学动态.2004(2)：14—15.

有非常巧妙的合拍之处。大地伦理学的创始人利奥波德认为，一个事物促进生态的完整、平衡和美丽时，它是正确的。他使用的就是 integrity 这个词，他指的是生态系统或生态共同体的完整，是在“整体性”与“完整性”的意义上使用的，是在“自然”的意义上的 integrity。integrity 作为一种美德，是诚实、正直的品格。作为一种美德，integrity 也具有两层意思，在一般的使用意义上表示诚实（honest），与勇气、节俭、勤劳等是一般的德目。但是，integrity 也有总体性的意思，当说一个人 integrity 的时候，即他具有智慧、勇气、节俭、宽宏、无私等等所有的美德的时候，他必然会是诚实和正直的，integrity 又是一个总体性的概括而升华的美德。这样就出现了，我们认为最基本层面的诚实美德也是一个总体性的包含各种美德的高要求的美德。

“诚”作为环境美德的德目，在当前的道德实践中有着多重意义。从其本体论层面来说，“诚”作为天道，作为自然规律，以及作为在天道面前的真实不欺，在道德实践中就包含着“实事求是”地尊重自然规律的意思。建国以来，我国在发展中曾经抱着“人定胜天，战天斗地”的精神向自然发起了进攻，毁林垦荒，围湖造田，在一定的程度上造成了对自然环境的破坏。在当前中国社会的发展中，仍有些人不符合生态学规律，不实事求是地面对当地生态环境承载力的实际情况，在片面的 GDP 政绩观的引导下，在一些生态环境脆弱的地方大肆引进高能耗、高污染的，被国外或发达地区淘汰的生产企业，这对当地的生态环境和社会发展而言，也是不“诚”的表现。渗透环境美德理念的公共政策制定者，应该体现出以“诚”的道德态度面对自然环境，实事求是地寻找适合当地可持续发展的发展道路，真诚地为当地的生态环境和人民群众谋取健康的、长远的福利，这也是“诚”的环境美德的要求。

“诚”作为环境美德的德目，在当前的日常生活实践中面临着如何处理“尽己之性”与“尽物之性”的关系问题，即成己成物的美德。“成己成物”语出《中庸》第二十五章：“诚者，自成也；而道，自道也。诚者，物之始终，不诚无物。是故，君子诚之为贵。诚者，非自成己而已也，所以成物也。成己，仁也；成物，知也；性之德也，合内外之道也，故时措之宜也。”这句话的意思是：“真诚，意思是自己成全自己。而道，意思是自己引导自己。真诚贯穿万物的终止和发端，没有真诚就没有万物。因此，君子把真诚看得非常珍贵。真诚，并非只是成全自己就够了，还要成全万物。成全自己是仁义，成全万物是智慧。这是发自本性的品德，是结合了天地内外的道理，所以，适合在任何时候实施。”不同于西方心理学上的自我实现和宗教体验方面的自我实现，中国传统哲学中的成就自己，是从伦理学特别是从道德修养、赞天地之化育的角度上理解成就自己、自我实现的意思，其中包含着心理学上的需要满足和宗教学上的神秘体验，但更多体现的是一种道德理性。"成己"更多的是一种内在的道德追求和精神活动，是向内的省察、修养和磨砺的功夫。"成物"，在通常的意义上是指向外的实践活动。中国传统哲学主张天人合一，万物一体，物我同一，所以"成己"必然离不开"成物"，成物是成己的外在路向，所以圣人不仅内求成己，而且外求成物，达到成己和成物的统一，内圣与外王的统一。

现代化、市场经济和消费主义的社会注重对人性中消费、占有、享受等方面的刺激与发展，与生产力发展水平低下、物质匮乏时代的日常生活相比，当前的发展很大程度上是"尽人之性"，即满足了人们日常生活的温饱到小康甚至到奢侈的享受之本能。但是，必须认识到的是，作为"诚"的道德要求，盲目地满足人的消费需求和贪欲本能并非是真正的"尽人之性"，真正的"诚"的道德实践是"尽人之性"与"尽物之性"的统一。而在环境美德的实践中还应该更多地考虑"尽物之性"，让河流保持其最初的生态，而不要过度地在其上修建水电站，将其拦腰截断为数十级；让土壤按照其自己的肥力状况生产，而非用化肥进行人为的刺激；让奶牛自然地产奶，而非使用各种激素；让母鸡自然地下蛋，而非蹲在鸡窝里没日没夜地产蛋。"诚"的环境美德要求是在"尽物之性"与"尽人之性"的统一中，即"成己成物"中实现人的整体性与自然的完整性的统一。

三、环境美德德目之"仁"

"仁"，是中国传统伦理的经典德目之一，与"礼"一起构成儒家的核心思想。"仁"包括"仁爱"、"仁慈"、"仁心"等。传统的对"仁"的概念的解释，有从字形分析，"仁"是"二人"，是"两个人"的相关关系；又有引经据典从孔子的"仁者，爱人"的解释，将"仁"作为人与人之间伦理关系的道德规范，也作为个体的美德，具有"仁"的美德。在人际伦理中"仁"的美德可以作为个体的怜悯心、同情心至上的美德，可以作为"爱人"的解释，也可以作为"仁政"的政治伦理。那么，作为环境美德的"仁"具有哪些道德意蕴呢？如何从人际的"仁"到对待自然环境事物的"仁"呢？这里有一个对"仁"德的全面理解和阐释的需要。朱贻庭先生解释"孔子贵仁"的思想，分为三个层面，对环境美德"仁"德的说明具有启示。他认为：

首先，“仁”是“爱亲”。中国传统社会是以氏族血缘为基础的亲族社会，所以“仁”的思想的提出一开始就是与氏族、血缘关系相联系的。“爱亲之谓仁”(《国语·晋语》)，人类最基本的家庭血缘关系中存在着天然的亲情。仁是这种天然情感的自然反映，或者说“仁”的心理情感基础是家庭血缘关系，直到今天的家庭社会也存在着这种普通而深刻、紧密的仁爱之情。

其次，仁的第二个圈层是“爱人”。周襄公谓“言仁必人”，“爱人能仁”(《国语·周语下》)，指的是“爱亲”的延伸扩大。孔子一方面把“爱亲”现实为“仁”之本，“君子务本，本立而道生，孝弟也者，其为仁之本与”(《论语·学而》)。孔子另说：“君子笃于亲，则民兴于仁。”(《论语·泰伯》)孟子说：“亲亲，仁也。”(《孟子·离娄上》)朱贻庭教授提出，这就是说，血缘的亲子之爱乃是“仁”的最深沉的心理基础；“仁”作为道德意识，首先是指“爱亲”之心。另一方面，孔子又把“仁”现实为“爱人”。“樊迟问仁，子曰：‘爱人’。”(《论语·颜渊》)这里的人有不同的理解，但最基本的含义应该是普通的人，是他者的意思，也是超越了血缘之亲的仁爱的范围，将“仁”的道德对象范围扩大了一圈。

再次，“仁”不仅“爱人”，而且要“泛爱众”。子曰：“弟子入则孝，出则第，谨而信，泛爱众而亲仁”《论语·学而》，关键在于对“泛爱众”的理解。朱贻庭先生将“泛爱众”解释为普遍地博爱众人。“‘泛爱众’所涉及的实际上是个体成员与氏族整体关系，本质上是对整个氏族或宗族的爱，用以维系氏族内部的团结和稳定。于是，以‘爱亲’为根基的‘仁’就获得了更高层次的道德规定，这就是个体对氏族以至整个华夏族利益的道德义务和社会责任。”①此外，“泛爱众而亲仁”还包括“仁”德与天下，也包括夷族。“子张问仁于孔子。孔子曰：‘能行五者于天下，为仁矣。’请问之。曰：‘恭、宽、信、敏、惠。……，”(《论语·阳货》)“樊迟问仁。子曰：‘居处恭，执事敬，与人忠。虽之夷狄，不可弃也。’”(《论语·子路》)“仁”的泛爱众的思想，爱人的思想，即便是夷狄之族，也包括在内。

按照儒家“爱有差等，推己及人”的同心圆伦理顺序，“仁”德已经从对父母血亲的仁爱拓展到了对夷族的仁爱。那么，对于自然事物，可否有“仁”的存在呢？有人提出孔子主张贵人而轻自然。如朱贻庭先生说：“在孔子看来，人与人的关系和人与动物的关系是有本质区别的。人与人应该相爱调和，而人与动物之间则不存在

① 朱贻庭.中国传统伦理思想史：增订本[M].上海：华东师范大学出版社，2003：38.

这种关系，这是因为人有德性，而动物则没有。”①“鸟兽不可与同群，吾非斯人之徒与，而谁与？”（《论语·微子》）“今之孝者，是谓能养，至于犬马，皆能有养，不敬，何以别乎？”（《论语·为政》）孟子的“人禽之辨”指出人有道德性而动物没有，故而说明人比动物更高贵、更优越，所以人不用对动物施仁德。

人与动物的区别几乎是中西哲学史上的一个经典话题。长期以来，理性、情感和道德意识被作为道德共同体边界划分的标志。过去把“动物没有道德能力”等同于“人不应该对动物讲道德”。在生态文明时代，对人的道德要求更加提高了。人意识到自己与自然界之间的联系，人的道德目标是回归自然传统。在此背景下，人的道德要求是“不论动物和自然如何”，就体现人的德性来说“人应该关爱动物”，今天的道德实践也越来越突出这个道德要求。也就是按照孔子的说法，“为仁由己”，而为仁并非是因为动物或自然事物具有自我意识，具有道德能力，具有内在价值等客观的条件，类似于康德的道德律令，你应该仁爱地对待自然事物，这是一条道德律令。因此，在这个意义上，即便孔子、孟子进行过人与动物在道德属性的区分，也不能减少今天我们呼唤对自然事物的“仁”德的要求，况且对其思想要进行全面的理解。

孟子从道德心理的角度论述了“仁”的心理基础，“见孺子将入井也，必有恻隐之心”，“恻隐之心”是仁德的心理基础，是仁心，这种仁心不仅体现在对人上，也体现在对动物方面。孟子说：“君子之于禽兽也，见其生，不忍见其死；闻其声，不忍食其肉。是以君子远庖厨也。”孟子有著名的“人禽之辨”区分，区分的目的不是说人有道德属性而动物没有，人因此可以对动物和自然界为所欲为。相反，因为人有恻隐之心，而且有道德能力，人应该将“仁心”发挥到更广的范围。《孟子·尽心上》：“君子之于物也，爱人而弗仁；于民也，仁之而弗亲，亲亲而仁民，仁民而爱物。”孟子的对象分为“亲”、“民”、“物”三个方面，分别对应着“亲”、“仁”、“爱”三个方面的道德要求，“亲亲”、“仁民”、“爱物”是一体的。

王阳明在《大学问》中也对“恻隐之心”进行了发挥。王阳明说：“是故见孺子之入井，而必有怵惕恻隐之心焉，是其仁之与孺子而为一体也；孺子犹同类者也，见鸟兽之哀鸣觳觫，而必有不忍之心焉，是其仁之与鸟兽而为一体也；鸟兽犹有知觉者也，见草木之摧折，而必有悯恤之心焉，是其仁之与草木而为一体也；草木犹有生意者也，见瓦石之毁坏而必有顾惜之心焉，是其仁之与瓦石而为一体也：是其一体

① 朱贻庭.中国传统伦理思想史：增订本[M].上海：华东师范大学出版社，2003：41.

之仁也，虽小人之心亦必有之。”[1]王阳明的这段话充分说明了“仁”是关涉鸟兽草木的环境美德。当前，人们正在热烈讨论的“虐猫”、“熊胆”事件，也是基于恻隐之心，而且是基于“猫”和“熊”具有与人类相同的感知痛苦的能力，这其中既有边沁、辛格的动物解放论思想的因素，也有对人的恻隐之心的道德情感的激发。因此，无论从自然物与人的感知相似的角度，还是从仁的道德要求角度，“仁”都涉及对自然事物的爱，具有环境美德意蕴。

罗泰勒(Rodney L. Taylor)认为仁也是“民胞物与”。他认为：“儒学是以人为中心的传统，它关心人被赋予的特殊地位。但是，儒学能关注人类与宇宙的内在关联。从这种角度来说，它更具有天人和谐宇宙观的特征，而不是人类中心主义的特征。学习、修身以及人际关系构成了儒学的根基。但是，当人性得以实现时，‘仁’作为人性之核心则成为了宇宙自身的中心。因此，成仁就是要超越人类自身，而这也是儒家生态学的根源所在。值得重视的一点是，儒学并不要求我们在人性尚未完满实现之前便超越人性，而是说随着人性的扩充它会包容所有生命。最终，儒家传统中的‘仁’就是生态学，因为用张载的话来说，‘仁’就是‘民胞物与’。”[2]

作为环境美德的德目，“仁”在当代的伦理意蕴不仅仅是个体的仁心仁性的道德追求。对于中国社会“仁”体现为“仁政”方面，也可以具有环境伦理韵味的解释。“仁”既是个体的美德，也是一种政治文明和政治美德。环境美德的形成不能脱离社会政治，当今，环境或生态危机已经演化为一种全球性的气候政治和气候伦理，各国公司在发展权上的争夺无非是为了本国的政治、经济利益。在传统儒家的“仁政”观念中，君主不仅是对待民要薄赋轻税，对自然也不能采取破坏式的掠夺，而要采取科学的、可持续的发展方式，保持自然生态力的永续利用，这也是一种“爱物”的道德要求，是与政治道德及发展观相联系的美德。“仁”在施政层面上还代表着一种人与自然和谐秩序的理念，要求在政治和国家发展层面上对待自然、资源方面“仁民爱物”，“爱物”、“惜物”、“尽物之性”，遵循物的生产、利用和循环的规律，对自然资源的利用要合理采用，循序渐进。

“仁”包含的“仁慈”、“仁爱”，特别是对待动物的道德态度，近年来成为中国社会公众关注的话题。禽流感暴发的时候，大批染病的鸡被扑杀；“非典”的发生让人

---

① 王守仁. 王阳明全集：叁[M]. 天津：天津社会科学院出版社，2015：39.

② 罗泰勒. 民胞物与：儒家生态学的源与流[M]//安乐哲. 儒学与生态. 南京：江苏教育出版社，2008：57.

们关注非法狩猎和食用野生动物；国内66家动物保护协会的志愿者曾经联名反对，阻止了美国的牛仔节目在鸟巢的表演；“熊胆”的问题更成为包括两会代表委员讨论的提案；还有很多人士通过收留流浪狗、流浪猫来体现“仁慈”的美德。毋庸置疑，这些讨论和对动物的仁慈主义的关注都是环境美德的养成过程，是个体道德实践的方式。作为环境美德之“仁慈”也可能面临着“保护动物那么就不要吃肉”等质疑，事实上结合“诚”，即坦诚面对生态链和食物链的规律，按照人类最基本的生存需要从自然界获得食物来源，与“仁”的环境美德是不违背的，人类体现环境美德最根本的“仁”是要在自己的生存发展中不要去过度破坏自然界物种与人类共存共享的生态环境。从表面上看，具有“仁慈”环境美德的人救助了一两只濒危动物，但最大的不仁道在于人类的砍伐、污染等行为致使动物的生存家园遭受破坏，生态灾难对人类和动物都是非“仁”。

四、环境美德德目之“俭”

“俭”包括节俭、惜用、节省、节欲、节制等意思，与奢侈浪费相对应，“俭”是中华民族推崇的重要美德之一。“俭”作为环境美德具有三重意思：

首先，节俭是节约劳动。古代社会是农业社会，人们利用自然的技术手段还非常有限。人们要生存，要通过大量艰辛的体力劳动才能将自然物质变为人的生存发展所需要的物质，因此在这个意义上，“俭”可以减少人大量的辛苦劳动，俭是对劳动的节约。《朱子家训》有“一粥一饭，当思来之不易；半丝半缕，恒念物力维艰。……自奉必须俭约，宴客切勿留连。……饮食约而精，园蔬愈珍馐。勿营华屋，勿谋良田。……见贫苦亲邻，须多温恤。……伦常乖舛，立见消亡。……勿贪口腹，而恣杀生禽。……施惠无念，受惠莫忘。……守分安命，顺时听天。为人如此，庶乎近焉”①。对于劳动人民来说，一年来面朝黄土背朝天的辛苦耕耘，换来的可能是非常微薄的收入，节俭的方式是维持其收入和生活的重要方式。节俭才能得以维持劳动力和生活，既没有奢华的能力也没有奢华的条件，所以节俭之风在民间、在基层是非常重要的美德。这是从经济的角度，对劳动力消耗的角度来谈论节俭。传统的节俭美德教育中，一块普通的糕被称为“千人糕”，因为其中孕育着从原料到

① 朱柏庐. 朱子家训[M]. 长沙：岳麓书社，2015：1—7.

生产过程的许多人的艰苦劳动。

其次，节俭可以维护社会稳定。在古代，官员和皇帝等本身并不参加生产活动，所以他们消费的生产生活资料都是从老百姓那里来的。如果官员们过着骄奢淫逸的生活，而百姓要缴纳很高的赋税，必然引起社会的不满和动荡。所以，古代的官员和皇帝都要求"以俭示众"。"夫欲盛则费广，费广则赋重。赋重则民愁，民愁则国危，国危则君丧矣。"（《唐太宗集·帝范·后序》）《老子》第二十九章提出了"圣人"的生态哲学命题，要求统治者饮食不要太奢侈，住宅不要太豪华，宴请不要太过分。因为饮食奢侈，势必消费过多的粮食；住宅豪华，势必消费过多的土地空间和建筑材料；宴请过分，势必造成粮食资源的巨大浪费。从政治的角度看，"俭"德在今天与生态政治和环境正义密切相关。从环境正义的角度看，崇尚奢华之风，必然导致少部分富有的人占有更多的自然资源，社会地位和财富的分配从某种意义上演化为对自然资源的消耗以及对生态承载力的占有，特别是那些一般百姓不能进行的猎奇消费，如象牙、熊掌和天然珍馐、奇花异木、藏羚羊等都是丧命于富贵阶层的消费中。在生态政治中，一个国家对自然资源和生态承载力的消费必然引起对其他地区和国家资源的影响，因此生态资源的争夺是生态政治的重要议题，在生产和生活中的"俭"也是生态政治的美德内容。

再次，节俭是节约资源，减少对生态环境的破坏。在农业社会，人们改造自然的能力有限，通常不会大规模地造成资源稀缺，因此在当时的人们看来，森林、土地、空气、阳光等资源都是无限的，节俭主要是节约人们从自然物质变为生产生活用品的劳动。到了工业社会，借助于科学技术的力量，人们对自然资源的利用已经实现了工业化，机械手可以将巨大的石块搬起，将隐藏在地下的煤等高效率地采掘出来，机器的生产代替了人力劳动的生产，而且由于对利润的追逐，需要不断提高效率，节约凝结在商品中的一般人类劳动，所以消费成为最主要的社会发展动力，消费越多越有利于经济发展成为一个怪圈。当前的"俭"德，主要是针对消费主义思想，针对消费主义认为消费越多越好、越珍稀越好的消费心理。环境美德提出"俭"德，主张对环境资源的节俭利用，减少自己的生态足迹是一种时尚的环境美德。

复次，"俭"是个人道德修养的重要内容，"俭以养德"（《诸葛亮集·诫子书》）、"惟俭养德"（《明太祖实录·洪武九年》）。司马光的《训俭示康》中认为俭不仅与消费，与官员和家庭的安全相关，而且与节欲、制欲的要求相关。"御孙曰：'俭，德之共也；侈，恶之大也。'共，同也，言有德者皆由俭来也。夫俭则寡欲，君子寡欲，则不役于物，可以直道而行；小人寡欲，则能谨身节用，远罪丰家。故曰：'俭，德之共也。'侈则多欲，君子多欲则贪慕富贵，枉道速祸；小人多欲则多求妄用，败家丧身，是以居官必贿，居乡必盗。故曰：'侈，恶之大也。'"(《司马光文正公传家集·训俭示康》)诸葛亮《诫子书》云："夫君子之德，静以养身，俭以养德；非淡泊无以明志，非宁静无以致远。""言有德者，皆由俭来也。"(《司马光文正公传家集·训俭示康》)"历览前贤国与家，成由勤俭败由奢。""祸莫大于不知足，咎莫大于欲得。"(《老子》第四十六章)王通说："节乎己者，贪心不生。"(《文中子》)

在今天，"俭以养德"包括养成环境美德。《张子正蒙·至当篇》："循天下之理之谓道，得天下之理之谓德，故曰'易简之善配至德'。"王夫之注释曰："至德，天之德也。顺天下之理而不凿，五伦百行，晓然易知而简能，天之所以行四时、生百物之理在此矣。"①作为环境美德的"俭"在节约劳动、节约资源、保持家庭和社会稳定的基础上，更加强调循天下之理，即遵循生态规律，领悟到自己作为生态公民的道德要求，领悟到道德修养的目的中包含对天地自然规律的体悟，有如赛德勒所说的生态悟性。"俭"德在日常生活实践中体现为努力减少自己的生态足迹和碳足迹，其伦理意义是对于环境的道德意义。吕耀怀指出："节俭已从主要是个人的、家庭的德性上升为一种人类整体的德性，是从一般生活的层面上升到人类生存境遇的层面。在可持续发展的大背景下，不是少数人、某一部分人恪守节俭就足以解决问题了，而是需要人类整体都恪守节俭的共同要求；节俭与否不再仅仅与生活质量的好坏有关，而是关系到整个人类的生死存亡问题。"②这是"俭"作为环境美德的大义。

① 王夫之. 张子正蒙注[M]. 北京：中华书局，1975：168.
② 吕耀怀. "俭"的道德价值——中国传统德性分析之二[J]. 孔子研究，2003(3)：115.

第五章　环境美德的教育实践

本书开篇从对日常生活事件的哲学思考中提出环境美德问题，经过对环境美德的理论缘起（第一章）、环境美德的思想资源（第二章）、环境美德的学理基础（第三章）、环境美德的德目体系（第四章）进行讨论后，基本上回答了“什么是环境美德”、“为什么需要环境美德”、“需要什么样的环境美德”的问题。学理的分析必须回归现实生活，面对中国当下的日常生活世界，接下来需要回答：“‘我’如何成为一个具有环境美德的人?”本章的基本思路是：首先从中国环境教育的现况及存在问题出发，指出环境美德教育是“规范约束”、“义务承担”到“幸福追求”的深入；其次，讨论具有环境美德的绿色人物的精神内涵并分析其何以成为促进公众环境美德自觉的引领精神；最后提出面对中国日常生活实践的环境美德培育路径，包括乡土教育和低碳生活践行两种路径。

第一节　环境道德教育理念

面对日益严峻的生态环境问题，人们在着手通过科学、技术、经济、法律、政策、价值观进行反思，同时将反思的成果向公众宣传教育，因此，进行环境教育也成为环境保护的重要举措。

1972年的斯德哥尔摩"联合国人类环境会议"是全球环境教育的发端，会议提出要利用跨学科的方式，在各级正规教育和非正规教育中，在校内和校外教育中进行环境教育。1977年，联合国教科文组织和联合国环境规划署在苏联的第比利斯召开了政府间的环境教育会议。《第比利斯宣言》是环境教育发展史上的一个里程碑，明确提出了环境教育的目标包括意识、知识、技能、态度和参与五个方面，为全球环境教育的发展构建了基本框架。

在我国，随着工业化现代化进程中的环境问题日益突出，环境教育也逐步受到重视。1973年召开第一次全国环境保护会议，20世纪70年代末80年代初逐渐在中小学课程中增加环境科学知识内容。1987年教育部颁布的教学大纲中强调，小学和初中要通过相关学科教育和课外活动、讲座等形式进行能源、环保和生态的渗透教学，有条件地开设选修课。1996年中共中央宣传部、国家环保局、原国家教委联合颁布了《全国环境宣传教育行动纲要》(1996—2010)。1998年，我国进行了第一次大规模的中国公众环境意识调查。2001年，中共中央宣传部、国家环保总局、教育部联合下发的《2001—2005年全国环境宣传教育工作纲要》指出：环境教育是素质教育的重要组成部分，要采取多种方式把环境教育渗透到学校教学的各个环节之中，努力提高环境教育的质量和效果。2009年6月，环境保护部、中共中央宣传部、教育部下发的《关于做好新形势下环境宣传教育工作的意见》强调指出，要重视环境宣传教育理论研究工作，大力开展生态文明内涵和实践研究，提升全民族环境道德水平。2011年，中共中央宣传部、环境保护部等联合颁布的《全国环境宣传教育行动纲要(2011—2015)》提出把加强环境宣传教育工作、增强全社会的环境保护意识放到更加重要的位置，推动建立全民参与环境保护的社会行动体系，为加快建设资源节约型、环境友好型社会，提高生态文明水平营造良好的舆论氛围和社会环境。

在国际社会和我国政府的环境教育政策的推动指导下，环境教育在各个层面轰轰烈烈地展开。在学校教育中，我国的中小学课程教材中增添了环境教育的内容，如中学地理教材中就有关于我国生态环境基础原本脆弱，庞大的人口对生态环境又造成了重大的、持久的压力，加上以牺牲环境求发展的传统发展模式，对生态环境造成了很大的冲击和破坏，因此我国生态安全问题已在国土、水、生命健康和生物等四个方面突出表现出来。水土流失严重，土地荒漠化加剧，土壤质量变差，非农业建设用地大幅度增加，耕地资源在不断减少。除学校教育外，政府推动的环境教育活动也加大力度，如各种环保主题宣传活动包括“世界环境日”、“世界地球日”、“生物多样性保护日”等。又如，2006 年 12 月到 2009 年 11 月，联合国开发计划署（UNDP）、国家环保总局和商务部中国国际经济技术交流中心共同实施中国环境意识项目（China Environmental Awareness Program，CEAP）。该项目在全国范围内针对青年人、城市和农村居民举办了一系列有影响的宣传教育活动，包括制作公益广告和电视片，举办有关演出、展览、专题培训及推出环保亲善大使等，充分发挥全国宣教资源和网络优势，在全国各地开展了丰富多彩的，以气候变化、节能减排、绿色奥运、新能源等国际热点问题和国家重点环保工作为主题的宣传教育推广活动，取得了良好的成效。该项活动是中国政府、学校、社区、民间环保组织等形形色色、不胜枚举的环保教育活动的缩影。除学校教育、政府推动的环境道德教育外，民间环保组织在进行环境保护活动中也非常注重环保理念和环境道德的宣传。如民间环保组织“自然之友”专门到农村地区散发各种宣传册进行环境教育，“达尔问自然求知社”、“自然大学”、“地球村”等各种环保组织的宣传活动，对公众环境意识的提升具有重要的作用。中国的环境教育包括环境道德教育活动已经广泛开展。

从环境教育的效果来说，在中国取得的进步和贡献是较大的。据 2007 年全国公众环境意识调查报告显示，“公众认为环境污染问题已成为我国严重的社会问题。调查显示，在 13 项社会问题的严重性评价中，环境污染问题列第四位。公众认为其严重性仅次于医疗、就业、收入差距问题之后，而居于腐败、养老保障、住房价格、教育收费、社会治安等问题之前。……就环境保护的价值取向看，公众对环境保护的重要性、必要性、紧迫感有较高的认同，同时也表现出较强的责任感。82.9%的人认为自然资源并非取之不尽，必须重视环境问题，67.8%的人认为我国自然环境已经发展到要特别加强保护的地步，84%的人表示环保并非仅是政府的责任，它与我们个人密切相关，50%的人认为我们不能为了环保而降低大众生活水平。这一结果表明，保持经济、个人生活水平与环境保护的协调发展成为公众环境保护价值取向的基调。”①从这些数据看出，中国公众的环保意识已经比较普及。

但调查又显示：“公众实际采取的日常环境保护行为主要以能降低生活支出

① 中国环境意识项目办. 2007 年全国公众环境意识调查报告[J]. 世界环境，2008(2)：74.

或有益自身健康的行为为主，而对于可能增加支出及降低生活便利性的环境保护行为则相对较少采用。"[①]特别值得思考的是："接受大众传媒中的环保信息成为人们最主要的环保经历，而公众主动参与环保活动不足是目前环境保护宣传中的主要问题。……在主动性环保经历中，仅有参加有关环境保护的公益活动的比例相对较高(18.1%)，而参与环保宣传仅为4.2%，成为民间环保组织的成员仅为2.1%。有12.9%的人没有任何环保经历。"[②]从调查中看出，环保问题意识强而环保行动的意愿弱，知晓环保的重要性但自觉参与环保行动的主动性弱，这一方面与中国的文化传统、中国政府主导型的社会活动模式、公民社会发育不成熟等有关系，另一方面对环境教育特别是环境道德教育的理念总结反思也是必要的。

一、"要我环保"：义务规制的环境道德教育

环境宣传教育纲要文件层出不穷，各种环境保护和环境教育活动蓬勃展开，教育效果却存在着环保的"知"多"行"少，意识强而意愿弱的现象，这反映出环境教育的理念需要深入思考。《第比利斯宣言》中主张环境教育的目标包括意识、知识、技能、态度和参与五个方面，所有的环境教育都应围绕着人们的环保意识、环保知识和技能，对待环境的态度和参与环保行动五个方面展开。如果将这五个方面再划分，环境的知识和技能的教育是知识方面的教育；环保意识和环保的态度是由认知形成的科学意识和道德意识的合体，进而产生对环境中自然事物的不一样态度，包括价值观和道德态度；最后则是参与环境保护的道德意愿和道德能力，也就是说在这五个方面中时时处处渗透着道德价值观的教育，环境教育的内核还在于道德价值观的教育。我国学者也有类似划分："环境教育的核心理念主要包括生态意识、生态道德、生态审美，三者相辅相成。生态意识指导人们形成对自然及其规律的正确认识('真')，是其他两个理念的前提。生态道德培养人们在正确认识人与自然关系的前提下对自然的道德感和责任感('善')，而生态审美则是在真与善统一的基础上感悟'天地之大美'，从而激发人们积极主动地保护地球——这颗人类赖以

① 中国环境意识项目办. 2007年全国公众环境意识调查报告[J]. 世界环境，2008(2)：74.
② 中国环境意识项目办. 2007年全国公众环境意识调查报告[J]. 世界环境，2008(2)：75.

生存的蔚蓝色星球。”[①]现在的问题是，以往环境教育的成绩与得失分析中，不能激发公众积极主动地保护环境的原因是什么呢？笔者以为至少有两方面：

其一，保护环境的道德理由多样化、外在化，多样化理由之间的相互矛盾，相互对抗和消解，造成公众无所适从。环境教育的目的是教育人们尊重自然、爱护环境，保护环境的理由却是多种多样的。人们生存的现实状况不同，有的人生存在原始生态环境良好而生活却非常贫困的地方，有的人为了发展不得不居住在高污染企业周边，有的生活在后现代化的远离自然的城市钢筋混凝土森林中，不同的人对环境保护的动机和目的也有着不一样的诉求。在环境保护中存在着“有差异的主体”和“不一样的想象”，普遍主义的环境教育特别是远离其生活状况和利益诉求的环境教育只能是隔靴搔痒，无法触及其内心对环境保护的道德意识和行动意愿。

将这些现实中的利益诉求上升到理论层面后的环境伦理学，则呈现价值多元、理论纷争的情形。早期环境伦理学是在反对传统的机械二元论哲学，反对传统的将自然看作工具价值的观点上成立的。在理论层面上，非人类中心环境伦理学理论似乎占据了道义的制高点，提出了自然的权利、自然的内在价值、生物中心主义、生物平等、深层生态等环境理论，但实践中遇到了许多困难。如主张自然权利的理论，实践中并没有相应的法律条款来保障非人类存在物的权利，在世界许多的国家和地方，不要说自然存在物的权利，人的基本权利也尚未得到真正有效的保护和实现，更遑论保护自然存在物的权利。再以自然的内在价值为例，在环境教育和实践中，对一些外表美丽并且和人类的实际利益不直接冲突的自然存在物，人们可能能够接受其“内在价值”，但是对那些外形丑陋可怕，围绕在人类生活周围的蟑螂、蚊子、臭虫等很难用“内在价值”的理论从内心承认并接纳其内在价值。大地伦理学以人对生态整体性的平衡、稳定和美丽为标准来判断一切事物的正确和错误，就个体的动物保护方面，大地伦理学认为如果有利于生态系统的平衡也不反对猎杀一些影响生态平衡的物种，但是主张对个体动物给予道德关爱的动物解放/权利保护者认为这是一种“生态法西斯主义”。人类中心主义虽然在道德上显得“不够高尚”，但在实践中其却牢牢地占据主导地位。从全球的组织和各国政府的环境保护策略及环境教育政策来看，环境教育的目的仍是为了人类的发展，是可持续的发展，是“弱式人类中心主义”。“道德的高尚”和“实践的管用”在争论和博弈中犹如

---

① 周笑冰. 环境教育的核心理念及目标[J]. 北京师范大学学报：人文社会科学版，2002(3)：119.

"压跷跷板"。

中国的环境教育中,实际的情形是多元价值观的混合、变动和混沌:一会儿保护环境的目的是人类中心主义的,防止偷猎影响可可西里未来的开发;一会儿是为了可可西里的生态系统平衡;一会儿是看到个别藏羚羊的哀戚的眼神产生的同情之心。林业局管理林业的义务在公众的眼里是纯粹的森林保护十分重要,但是林业局同时是森林砍伐的管理批准者甚至是森林的破坏者。在价值观层面的混沌、矛盾、混合、冲突、无所适从是表面轰轰烈烈的环境教育背后存在的问题之一。实践上区域环境及其带来的不同环境利益及利益主体的诉求的差异性,理论上各个环境伦理流派理论依据的相互冲突,导致最终的结果是环境教育的实效流于泛泛层面,即公众都知道环境保护十分重要,但具体行动实践却没有很好地落实。

其二,环境道德教育深受规范伦理学的影响,强调环境保护的规范性、义务性。在道德教育理论中,无论是以道德说教的方式传授各种道德规范的知识,还是以"价值澄清"的思路让人们逐步领悟规范生成以及规范的伦理价值,其教育的目的是将道德转化为规范,将道德价值附着于各种规范之中。整个道德教育的内容呈现是各种道德原则、道德规范的组合,首先确立几条基本的原则,然后根据原则再阐释出一些具体的行为规范,道德教育到规范的确立和传授即戛然而止,呈现道德教育"只见规范不见人"的怪象。"规范总是以既定的'知识形态'出现,因此,道德教育在其过程中的知识化、外在化也就不可避免。……道德教育不是引导人去发现道德的价值意义,而是教人接受既定的道德规则。规则归根结底都是工具性的,那么以使人接受规则为目的的道德教育也只能是一种工具性意义存在。仅以工具性存在的道德教育不仅失去了自己的独立性本体存在,成为随社会情境变化而适应附和的时令性的教育活动,而且也使道德失去了本有的意义而成为工具性存在,失去了它本有的权威——规则一旦受到质疑,便不再被信奉。"①

环境伦理学和环境道德教育深受规范伦理学的影响,环境道德教育的内容往往以提出并传授若干环境伦理规范即告终止。环境道德规范表现为普遍主义和规制主义,如提出"人与自然和谐"、"可持续发展"等道德原则,这些原则毫无疑问是非常正确的,但其对行动的具体指导意义却显得空洞。规制主义是针对以前人类与自然之间伦理规范的空缺提出了一些约束性条款,规制条款将人类的行为限定

① 刘丙元.从规范到德性:当代道德教育哲学的本真回归[J].理论导刊,2010(1):35.

在一定范围内，却没有鼓励人去深入地理解人与自然共生共荣的生态规律并激发人类保护自然的内在的本真的道德要求。正如安斯库姆在《现代道德哲学》中提出的那样，规制主义的道德教育通常使用的道德话语是“责任”、“义务”、“正确”、“错误”、“应该”等原来以基督教伦理为背景的话语，在基督教伦理话语中存在着“上帝”这样一个神圣的立法者。但自启蒙运动以来，神圣立法者的观念被取消了，但律法主义的“应该”式伦理形式残留下来，康德的义务论伦理学就是如此。

客观地说，在人类尚未意识到人与环境之间的伦理关系，未意识到自己对自然的道德义务时，以“应该”的环境伦理研究是人与自然之间的道德启蒙。生态环境危机背景下，从价值观角度反思人类的价值观，突出地强调人对自然的道德义务，保护环境的责任是非常必要的，诚如康德的道德律令一样，要使自然成为目的而不是手段。但是，仅仅强调人与自然之间的道德规范和义务，使公众时时处处感到是“要我环保”的规范约束和被动义务，那么，大多数人就止于“我知道要环保”的状态。在日常生活实践中，对“我为什么需要具有环境美德”，“我为什么要成为一个具有环境美德的人”诸如此类的问题只进行了外在化的教育，而要深入到人的道德动机内部激发公众培育环境美德的力量，从“要我环保”到“我要环保”，还需要借助追寻环境美德教育的促动。

二、“我要环保”：追求幸福的环境美德教育

“我要环保”的意愿的产生和坚持，不单单依赖环境宣传的感染力和激发性，而有其深刻的理论基础，包括社会学、政治学、经济学、心理学、伦理学等各方面的理论支持，在此以伦理学理论和日常生活批判的哲学视角为基础展开分析。

安斯库姆指出，自西季威克以来的英语学界的现代道德哲学家的理论之间差别不大，同时，任何既阅读过亚里士多德的《伦理学》又阅读过现代道德哲学的人，一定会为它们之间的差异有所触动。与现代道德哲学家将伦理学理解为规范、义务、责任、道德上的正确和错误、道德“应该”的话语和句式不同，亚里士多德的伦理学讨论的主体是幸福与德性的关系：什么是善？什么是好的生活？幸福与德性之间有什么关系？这些古老的伦理学问题在今天的中国有着特别的现实意义。

“好的生活的追求”不仅体现在国家层面的政治、经济、社会发展中，也渗透在日常生活世界中，贯穿于社会和个人生活的方方面面。近代以来的中国社会经历

了战争、动荡、变革、建设，特别是近几十年的快速发展，经济建设取得了辉煌的成就，物质生活水平大大提高，部分地区和部分人群已经达到国际领先水平。在动荡而贫穷饥饿的年代，作为“好的生活”的理想是“牛奶会有的，面包也会有的”，那么现在，牛奶有了，面包有了，楼上楼下，电灯电话都有了，四个现代化也基本实现，并且较大一部分人的日常生活水平已经远远地超越了这些，设想中，人们应该被一种巨大的、无与伦比的幸福感包围着，得到的和享受的一切都是“好的生活”。但是，从日常生活中的直观感受来说，许多人觉得生活水平是提高了，但是感觉到的幸福却不如从前了。为什么这么多年致力于经济的快速发展，生活水平的大力提升，而民众的幸福感却没有得到很大提升，甚至还有幸福感下降的感觉呢？幸福的问题一时间成为公众讨论的热门话题，各种幸福感调查和幸福指数研究屡见报端。在这些关于幸福的研究中，有心理学关于主观幸福感的研究，有从地区发展的环境角度提出国家或地区综合幸福指数的，在此的研究则结合“幸福——自然——美德”三者关系从伦理学角度思考。

中国社会为什么经济高速发展，生活水平大幅度提高，而公众的幸福感却不强呢？原因之一在于对幸福理解的偏差——对幸福的理解物质化。从日常生活世界的百姓对幸福的诉求看，以房子、车子、财富、地位等为代表的物质消费能力成为人生价值的衡量标准和幸福的源泉，当琳琅满目的商品和形形色色的消费活动裹挟着消费主义的价值观和 GDP 主义的发展观的时候，国家、社会和公众的日常生活层面追求幸福的手段片面化，国家和地方追求经济效益，个人追求财富积累和消费能力。那么，发展和消费的源头和终端在哪里？都在于自然。当在片面幸福观的召唤下，人们的物质主义幸福观畸形膨胀，自然成为榨取财富的来源和排放废物的场所，可以说在发展和追求幸福的时候人们不仅遗忘了自然，而且深深地伤害了自然。不仅伤害了物质的自然界，造成了生态环境问题，而且违背了自然而然的生活真谛。生活水平提升的背后不幸福的原因在哪里？牛奶有了，但是牛奶的质量不纯粹了；面包有了，生产面包的土地遭受了污染，遑论各种非自然技术手段的添加剂；楼上楼下的居住条件有了，但是生活空间更加狭小，高耸的摩天大楼不接地气，人际冷漠，温馨关怀的人际关系没有了；在快一点更快一点的伪幸福追求中，休闲的时间没有了，大自然远去了，亚健康的身体状况出现了，压力增加，精神焦虑，心理疾病来袭了。更具讽刺意味的是，优美的、自然的、原生态的自然事物，那原本就存在于我们启动物质主义幸福追求行动之前的事物，如今变得稀缺，成为需要加倍付出和努力才能够获得的风景，当公众如饥似渴地拥抱“原生态的”、“全天然的”、“纯手工的”的各种消费对象时，“自然”(nature)成为最稀缺的生活资源和生活方式。

总而言之，生活水平提升而幸福感不明显的原因之一在于没有善待自然，而是消费自然和疏离自然。自然事物和自然而然地生活是幸福感的重要源泉，也是幸福指数的重要指标。幸福不能远离自然，幸福不能缺少美德，纠正片面的幸福观和发展观带来的负面效应，需要从美德的角度对幸福观重新诠释。在亚里士多德那里，所有事物都有向善的倾向，人的一切行为包括技术、实践、选择等都以善为最终目的，人生的目的是追求至善和卓越。那么，当人生的目的达到了至善的顶点是什么呢？亚里士多德认为那就是幸福，幸福就是至善。至善的幸福从哪里来呢？人的德性就是使自己的功能充分发挥，所以至善的幸福来源于德性。在今天看来，幸福不是拥有尽量多的物质财富，而是使自己作为人的功能得到很好的发挥。作为人的德性，人与自然之间是休戚相关、共荣共生的，人在自然中获得自身的物质生活和生命意义，也要使自然不因自己的生存而失却和谐与美丽，在人与自然的和谐中使人的功能得到好的发挥，而不是以侵害自然为前提，使人的功能得到发挥。事实上，离开了自然，伤害了自然，人的功能包括理性的、科技的、群体的、社会的和创造性的功能都不可能得到好的发挥，也就是德性也要遵循自然。

从这样的幸福观出发，幸福就在于基本的生存物质满足之后的人的其他方面的追寻，追寻在自然中领悟神秘、领悟天人关系，在人际关系中追求和谐，从奉献中找寻快乐等等。幸福不能缺少自然，幸福也离不开美德，合而论之，幸福不能缺少善待自然的环境美德。当意识到善待自然的美德及其践行能够从物质上改善环境，精神上获得真正的幸福的时候，公众会从内心世界由衷地发出“我要环保”的声音。“我要环保”的理由是要实现与自然和谐，与心灵和谐的幸福，“我要环保”是通过善待自然，保护环境，提升生活质量，人的卓越展现在与自然的和谐而非与自然的紧张关系之中。可以说，无论是在国家发展、地区发展还是个人日常生活中，能够善待自然，与自然和谐相处，才能显示出国家、地区和个人的智慧；森林砍伐、水土流失、空气污染、污水横流的国家和地区，则一定无法彰显出作为有德之人群的卓越。

至此，具有环境美德的人不仅意味着是道德高尚的人，还意味着是能够在人与自然的和谐统一中追求人生价值和自我实现的人，更意味着是有能力追寻全面的真正的幸福的人。在日常生活中，不仅要以德致富，还要以德致福，以面向自然的美德达致幸福的生活。环境美德教育的基本理念就是通过各种教育活动使公众在对幸福的追求中体味美德的力量，感悟自然的重要，从而积极自觉主动地投入到环境保护活动中，参与环境保护活动不是沉重的、被动的负担，而是积极的、快乐的幸福寻求之路，是人自我实现、自证卓越的实践行动。

第二节 环境美德的绿色人格

借用深层生态学的话语模式，环境道德教育也有“深层”和“浅层”之分。“浅层”环境道德教育是外在的行为约束的规范教育。“深层”环境道德教育是从行为到道德品质，是与自然的一体化的自我实现，表现为具有环境美德的道德人格。“环境道德教育的终极目标在于培养具有环境伦理道德的人，具有正确的环境态度和价值观，并能做出理想的环境行为的人。这种教育是 21 世纪素质教育的主题，是素质教育中培养人之为人的人格教育。……环境道德教育把环境道德作为一种道德人格，即作为环境准则意识、环境责任意识和环境目标意识的统一体。换言之，在现代人那里，缺乏了环境道德，他的人格就不健全。因为环境道德是公民个人道德修养和社会文明程度的重要表现，是评价个人品格高尚与否，是否具有人的尊严的重要标尺。”①“深层”环境道德教育就是培养具有环境美德的绿色人格。

那么，美德与人格，环境美德与绿色人格之间是什么关系？具有环境美德的绿色人格的精神内涵和道德品质是什么呢？

一、美德、人格与道德人格

人格(personality, character)商务印书馆出版的《现代汉语词典》(2015)对人格的定义为：“人的性格、气质、能力等特征的总和；个人的道德品质；人作为权利、义务主体的资格。”②从这个定义中可以看出，人格有三个方面的含义：首先，“人的

① 曾建平. 试论环境道德教育的本质特征[J]. 伦理学研究，2003(5)：71—72.
② 中国社会科学院语言研究所词典编辑室. 现代汉语词典[M]. 6 版. 北京：商务印书馆，2015：1090.

性格、气质、能力等特征的总和”是从心理学方面对人格的定义。心理学上，人格通常对应的英文单词是 personality，起源于希腊文 persona。Persona 指的是古希腊的戏剧演员在演出时所戴的面具。心理学借面具的意思说明人在社会和人生舞台上要扮演许多不同的角色，因而有不同的面具。在面具的背后，存在着真实的人格。人格是指一个人的整体的精神面貌，是具有一定倾向性和比较稳定的心理特征的总和。朱智贤先生主编的《心理学大词典》对人格的界定是：“指一个人的整个精神面貌，即具有一定倾向性的心理特征的总和。人格结构是多层次、多侧面的，是由复杂的心理特征的独特结合构成的整体。这些层次有：(1)完成某种活动的潜在可能性的特征，即能力；(2)心理活动的动力特征，即气质；(3)完成活动任务的态度和行为方式方面的特征，即性格；(4)活动倾向方面的特征，如动机、兴趣、理想、信念等。这些特征不是孤立存在的，是错综复杂交互联系，有机结合成一个整体的行为进行调节和控制的。”① 人格是人的心理特征的综合体，对心理学上健康人格的培养是多方面和综合性的。如蔡元培先生在《普通教育和职业教育》中提出：“所谓健全的人格，内分四育，即：(一)体育，(二)智育，(三)德育，(四)美育。”其次，“人格是人作为权利义务主体的资格”是从政治学和法学角度对人格的定义。在政治或社会生活中，人作为政治的或法律的主体，是具有自我意识的、能够享有政治和法律上的权利的主体，这种资格通常称之为法律人格，是在法律上赋予人的权利和义务的一种资格。理解法律人格内涵可从奴隶的地位看出。在奴隶社会中，尽管奴隶是具有健全的体魄和智慧的真正的人，但是在奴隶社会的法律中规定奴隶不是法律上的人，而只是会说话的工具，和牛、马一样是奴隶主的财产。奴隶在这里缺失的不仅是作为生物意义上的人或文化意义上的人的心理特征，而且是法律意义上的人格。再次，“人格是人的道德品质”是从伦理学的角度对人格的定义。人格，在中国传统文化心理中，指的是人的道德品质。有道德的人就是具有人格的人，没有道德的人就是俗语的“缺德鬼”。所谓“格”，即是框架、条件、规范的意思，人格也就是“人之为人的道德规定”，只有符合这些道德规定和具有内在道德品质才能从道德上称之为人。当回答“什么是人”这个概念的时候，对人的规定性有许多方面，例如人是脊椎动物，人是政治动物等等从生物学、社会学等方面所作的规定，但是其中人之所以为人最重要的一方面除了人的理性之外还在于人之德性，

---

① 朱智贤.心理学大词典[M].北京：北京师范大学出版社，1989：225.

即对人之所以为人的道德规定性。凡是符合这些道德规定的可以称之为人，严重地违反这些道德规定的则不具有人格。在谴责一些人的道德行为时常用“简直不是人”、“禽兽不如”等负面的训斥性语言，即说明了人之为人的道德规定性。

综上以上三方面，除法律人格的意思外，人格在个性（personality），即综合的心理特征方面和品格（character），即人的道德品质的两方面既有联系又有区别。心理学方面的个性（personality）是道德品格的心理基础，伦理学方面的品格（character）是人格结构中最精华和最高尚的部分。“所谓人格，在哲学的意义上，是对人‘存在’的称谓，是对‘我’‘存在’的意识。在心理学的意义上，人格是指个体的人所具有的内在素质，其理性、意志和情感等已经塑成互相呼应、互相支撑的统一整体。在社会生活的现实性上，人格就是一个人所具有的内在同一性，能够在不断变化着的复杂环境中、在处理各种关系和事件中，表现出某种始终如一的立场和原则。人格标志着一个人所具有的内在价值，标志着一个人的价值和尊严。”①

道德人格（moral character）与美德（virtue） 在英文中，与道德人格对应的有 character 和 human dignity 两个词。Human dignity 的意思是做人的尊严，即一个人所具有的内在价值，一个人的价值和尊严。Character 指品格（包括个人、社会、民族等之天性）、性情、性格、特质、个性，也有特点、特质、特征的意思。Character（品格）亦指 moral strength，即道德的力量和品格；A man of character 就是有品格的人。在西方的伦理学文献中，通常用 moral character 指称道德人格。在环境美德伦理学研究中，罗纳德·赛德勒的书名 *Character and Environment: A Virtue-Oriented Approach to Environmental Ethics*，中文译为《品格与环境：一种美德导向的环境伦理学路径》也典型地反映了人格的道德意义。麦金太尔也强调了 character 这个词的意义。Character 是一个词义丰富的语词，它可以表示特征和特性，也可以表示人的性格、品质，而它最初的涵义是指戏剧中的角色（中译将该词译为“特性角色”）。麦金太尔明确地表示，他是从戏剧中借用了这个隐喻，它表示一种被观众能够一下子就识别的角色：“对这些角色的理解在于被提供的一种解释扮演者行为的方法，恰恰因为在演员本人意图里有这样一种同样的理解；并且，剧中其他演员都具体参照这些中心角色来规定他们自己的作用。”②

① 崔宜明. 道德哲学引论[M]. 上海：上海人民出版社，2006：253.
② 麦金太尔. 德性之后[M]. 龚群，等，译. 北京：中国社会科学出版社，1995：37.

道德人格的哲学伦理学规定仍然离不开人的心理基础。“所谓道德人格,即作为具体个人人格的道德性规定,是由某个个体特定的道德认识、道德情感、道德意志、道德信念和道德习惯的有机结合。构成道德人格的五要素,是道德主体所在社会、所在集团的道德的反映,是道德主体长期进行道德交往所生成的道德特质的凝结。”①

美德也可以翻译为道德品格、道德品质,与道德人格有着相近的意思。相比较而言,道德人格具有心理学的基础,并且具有整体性。美德是从伦理学角度具体呈现道德人格特征的概念,美德可以用具体的德目表现其不同内容。感受一个人的道德人格通常以他所具有的美德来描述。“作为品格,德性往往展开为多样的、特殊的规定,所谓仁爱、正义、诚实等等,展示的都是人的不同道德特征。以特定的、多元的品格为形式,德性所体现的,往往是人的某一方面的规定;与德目的多样化相应,人的存在也呈现为彼此互异的各个向度。”②美德表征的人是人存在的各个向度和多方面的不同特征,将这些不同的特征和不同向度整合起来的则是人格的概念。“从人的存在这一维度看,德性同样并不仅仅表现为互不相关的品格或德目,它所表征的,同时是整个的人。德性的具体表现形式可以是多样的,但作为存在的具体形态,德性又展现为同一道德主体的相关规定。德性的这种统一性往往以人格为其存在形态。相对于内涵各异的德目,人格更多地从整体上表现了人的存在特征。就个体而言,人格的高尚或卑劣通常是衡量其道德境界的综合尺度。此所谓人格,不同于某一方面的品格,而是人的整个存在的精神体现;以人格为形式,德性统摄、制约着人的日常存在。”③

可以说,美德与道德人格是呈现人存在的一体两面。美德以德目的形式展现了人的道德存在的各方面内容。如按照现代社会生活领域将人的生活分为公共生活和私人生活,相应的有公德和私德的划分。公德的德目包括公共意识、公共精神、规则意识、诚实信用等美德,私德的德目有孝顺、仁爱、友善、和气、节俭、慷慨等方面。有些人的道德人格在公共道德方面比较突出,有些人的道德人格在私德方面比较优秀,相反公德方面可能有缺陷等等。但是作为一个整体的人,道德人格更

---

① 肖川. 主体性道德人格教育[M]. 北京：北京师范大学出版社,2002：22.
② 杨国荣. 伦理与存在：道德哲学研究[M]. 上海：上海人民出版社,2002：140.
③ 杨国荣. 伦理与存在：道德哲学研究[M]. 上海：上海人民出版社,2002：140.

能从全面的、整体的意义上反映出其整个的精神现象和道德品质。关于人格的多个学科定义，道德人格作为人格结构中的重要内容，以及美德与道德人格的相互关联的认识，可以为我们研究环境美德人格奠定一定的基础。

二、具有环境美德的道德人格

道德人格或者一个人的人格特征在总体上是综合和稳定的，但是人的道德人格也有一定的倾向性或突出的特征。英文中的品格(character)一词除了具有道德的力量的意思外，还有特质、特点甚至是某一类型角色的意思，也说明道德人格是具有不同特点或特色的。人们对道德人格的认知无论从道德直觉还是从伦理理论上，都以构成道德人格的主要美德或核心品质为依据。

在中国人所熟知的道德人格形象中，白求恩具有国际人道主义美德的道德人格，雷锋是具有无私奉献、乐于助人美德的道德楷模，焦裕禄是鞠躬尽瘁、全心全意为人民服务的道德人格形象。从生活的整体性上讲，雷锋、焦裕禄、白求恩的道德人格中也可能包含着仁爱、慷慨、公正、廉洁、节俭、勤奋、进取等等其他的美德，但在他所生活的特定历史时段和当时的生活情境下，他们分别具有的而不尽相同的美德使他们的道德人格呈现出不同的倾向性或类型，他们进而成为某一类型的道德人格的典范。再如包拯、海瑞就是为官刚正不阿、清正廉洁的道德人格典范，黄继光、邱少云就是英勇战斗、不怕牺牲的革命英雄主义道德人格的典范。在此要研究的具有环境美德的绿色人格即道德人格中具有热爱自然倾向的一种道德人格类型。具有环境美德的道德人格类型指历史上或者社会生活中悲天悯物的人，作为伦理学(包括环境伦理学和美德伦理学)中单独的人格类型进行分析，确实是从环境美德伦理学的研究中才开始的。

关于环境美德道德人格的研究有两种思路：一种是建构主义的，即通过从环境伦理学的学理基础和理性思辨中推论出环境美德的人格特征。国内有学者提出"生态人格"、"理性生态人"、"德性生态人"等建构的概念。徐嵩龄对"理性生态人"的构筑为："一个理性生态人具有双重素质。作为'生态人'，他具有充分的生态伦理学素养；他又是'理性的'，他具备与其职业活动及生活方式相应的生态环境知识。这样，第一，他能对一切与环境有关的事物做出符合生态学的评价；第二，他会有充分的道德、智慧和知识制定符合生态学的策略。这种理性生态人，可以是个人，社团，企业，政府。如同由于经济事务的广泛渗透性，从而使‘经济人’概念对市场经济社会的所有领域的行为模式都造成影响一样，理性生态人概念将会应用到与环境有关的一切领域并将由技术层面扩展到决策层面，由国内事务扩展到国际事务。”[①]理性生态人的原则包括六条：(1)一种人地和谐的自然观；(2)生态安全；(3)综合效益；(4)公平与正义；(5)共赢竞争方式；(6)整体主义方法论。[②] 夏湘远提出“德性生态人”，即“所谓德性生态人是一种以人地和谐为精神旨归，以可持续发展为价值目标，以代际、代内公平为根本规范的道德人格形式。德性生态人具备两种基本素质。作为‘生态人’，一方面，他具有良好的生态伦理学素质。这种伦理素养，不是一般道德理想主义的‘独善其身’的内圣境界，也不是所谓的‘事上磨练’的功夫(王阳明语)，而是一种基于对人类种群共同命运的深刻体认和对人地和谐的自觉把握而产生的一种道德认识方面的自觉，以及在道德实践方面所表现出来的较稳定的心理特征和能力特征”[③]。还有许多学者提出“生态人格”，所谓的“生态人格是环境伦理原则与规范在个人身上的凝结和内化，是为实现人与自然之间的和谐而自觉地对自己的生活态度、生活方式、生命境界进行合理安排或筹划的写照，是对保护大自然的责任和使命的自觉担当。为了推动生态人格目标的实现，环境伦理学应当充分发挥教育和引导的功能。必须教育和引导人们对大自然始终怀持感激之心、忏悔之心、敬畏之心、谦卑之心、珍爱之心”[④]。西方环境伦理学家罗纳德·赛德勒通过建构主义的思路提出具有生态悟性的环境美德的绿色人格。

建构主义思路的优点在于概括地、清晰地、条理地陈述了具有环境美德的绿色人格的特征。但是，其存在的缺点是，绿色人格的精神内涵是来自于理论的设想和逻辑的推演，现实生活中并不能完全“建构”出非常符合其若干原则和特点的人格，而且具有浓郁理论色彩的人格建构适合于学理上的分析探讨，但不一定适合道德教育活动。建构主义的理论运用到日常生活世界的环境道德教育中，则显得理性有余却情感不足，理论的推演抽象、干巴，较难走入公众的内心，不易与公众产生情感的共鸣和心灵的共振。那么，在道德教育中对具有环境美德的绿色人格该如何认识呢？从一般的意义上，笔者也认同“理性生态人”、“德性生态人”、“生态人格”

---

① 徐嵩龄.环境伦理学进展：评论与阐释[M].北京：社会科学文献出版社，1999：418—419.
② 徐嵩龄.环境伦理学进展：评论与阐释[M].北京：社会科学文献出版社，1999：419—421.
③ 夏湘远.德性生态人：可持续发展伦理观的主体预制[J].求索，2001(6)：91.
④ 彭立威.生态人格匹配生态文明[N].中国教育报，2008-01-22.

的概念描画，但是从环境道德教育的有效性出发，以美德伦理学理论为基础的环境道德教育具有一定的优势。

在伦理学理论形态中，美德伦理学是与道德教育最密切相关的理论形态，这与美德伦理学自身的特点十分相关。前述麦金太尔在美德伦理复兴中批判了启蒙运动以来的道德哲学的抽象建构中存在的非历史主义道德态度："当代哲学家在著述和讲授两方面都以非历史的态度对待道德哲学。我们都仍然过多地把以往的道德哲学家看做是对某一相对不变的主题的一次讨论的撰稿人，既把柏拉图、休谟、密尔和我们视为同时代人，也把他们彼此视为同时代人。这就导致将这些著述家从他们所生活和思想的文化与社会环境中抽离出来，有关其思想的历史获得了一种对于文化其他部分的虚假的独立性。康德不再是普鲁士历史的一部分，休谟也不再是一个苏格兰人。"[①]历史主义和共同体生活是麦金太尔强调美德伦理学的两个特点，也就是说美德伦理学的研究方法必须是具体化的、生活化的、情境化的，是各种特殊的道德文化共同体，美德伦理的道德教育符合普通公众的日常生活习惯。历史主义的、在共同体生活背景下的美德伦理研究和道德教育，是一种生活实践叙事的研究方式和教育方法，万俊人教授称之为"讲故事"。他提出："在西方伦理学和哲学的术语释义中的所谓'叙事'或'叙事学'，实际就是'讲故事'（telling stories or story-telling）。这种'讲故事'的方法至少有三个特点：一是所讲的道德伦理'故事'是有其历史源流的，这些故事往往是某一特殊的文化共同体在自身漫长的历史演进过程中逐渐积累下来的道德伦理的生活经验。二是在独特的文化共同体内部，一代又一代讲下来的道德伦理'故事'，已然通过人们不断地'讲'与'听'的言语行为，逐渐演化并积淀成为该文化共同体内部的道德行为规范和伦理秩序。……三是'讲故事'者必定是文化共同体内部那些在道德修养和伦理'知识'方面比较优秀和成熟的人，因而必定同'讲故事'者的道德品行和伦理生活经验积累相关，更具体地说，能够充当'讲故事'的人，往往都是某一特殊文化共同体内部的那些伦理长辈和道德先进。"[②]美德伦理学的实践叙事方法，即"讲故事"的方法，已然与日常生活世界中的道德教育活动"无缝对接"了。在日常生活世界中，"讲故事"的方法确实是运用得最多、最自然、最有效的方法，许多伦理规范、道德品质和道德精神

① 麦金太尔. 追寻美德：伦理理论研究[M]. 宋继杰，译. 南京：译林出版社，2003：13.
② 万俊人. 关于美德伦理学研究的几个理论问题[J]. 道德与文明，2008(3)：20.

的内涵都是在“讲故事”的过程中学习领会并成为民族文化的一部分，包拯的清正廉洁、海瑞的刚正不阿、白求恩的无私奉献、雷锋的乐于助人等都是在“讲故事”中领会到了清廉、刚正、国际主义、奉献等道德精神的内涵。

在环境美德的教育中，也需要借鉴“讲故事”的美德教育方法。环境美德的特别之处在于，面对人类遭遇的有史以来最严重的生态环境危机，环境美德所讲述的历史经验的积累以对现实生态危机的严重性描述为主，“讲故事”的人则以在人与自然环境方面具有先进的道德理念和高尚的道德情怀的“伦理长辈或道德先进”为主。本书开篇提到了徐秀娟、索南达杰等人物，从公众对他们的赞扬、崇敬以及所赋予的称号“环保战线的革命烈士”、“环保卫士”中，可以感受到：(1)他们是为公众所认可的道德楷模，是榜样人物；(2)同样作为榜样人物或道德楷模，他们与包拯、海瑞、黄继光、邱少云、雷锋、焦裕禄、白求恩、李素丽等道德楷模的精神内涵不同，不同之处在于他们是在人与自然对象方面展示出高尚的道德人格，其“新”在他们的精神内涵是绿色的精神和绿色的道德人格。那么，绿色的精神内涵和绿色的道德人格包含哪些品质，哪些人格特征呢？这需要进一步展开，从更多的榜样人物的事迹讲述和故事聆听中去寻找，寻找绿色人格的精神内涵和品格特征。

本书选取梭罗和索南达杰、梁从诫、张正祥、杨善洲等五位绿色人物，从他们的道德观念和生活事迹中初步感悟和提炼环境美德的绿色人格。需要说明的是，美德伦理学的道德教育强调特殊的道德文化共同体，此处选取的梭罗和卡逊是美国环保思想和环保运动推动的绿色人物，他们所处的道德文化共同体与中国文化的道德共同体有所不同，但是整个环境保护的事业是有其历史过程的，西方国家工业化比中国开展得早，遭遇环境问题和进行环境保护也较早。梭罗生活的时代正好是美国资本主义发展高歌猛进，物质主义甚嚣尘上的阶段，梭罗思考的问题和绿色人格精神具有时空的“穿越”性；卡逊是启发公众环保意识的典范，对中国的环境道德教育也有示范意义。

亨利·大卫·梭罗 1845年7月4日，美国独立纪念日那天，梭罗一个人离开喧嚣的都市生活，独自来到了距康科德镇两英里的瓦尔登湖畔，他自建小屋得以安身，自己种地获取食物，在那儿隐居生活了两年，过着一种非常原始和简朴的生活。之所以如此做，是梭罗看到19世纪处在美国工业化大发展时期的人们，整日沉迷于攫取机器大工业带来的福祉，工厂、机械、效率、产量充斥了人们的思索与行为。陶醉于物质的享受使人失去了生活的真正意义，对大自然也造成了很大的破坏。

梭罗通过亲历亲为的实践证明，人过最基本的生活所需要的必要开支事实上一年只需要六个星期的工作，而其余的时间可以自由地享受自然和阅读等，不必被物质欲望和为此必须付出的工作所拖累而丧失精神上的自由。在瓦尔登湖畔，他尽情地感悟自然，聆听自然的教诲，记录自然界的美好景象，思索人生的目的和意义，反思外面世界正在发生着的工业革命所带来的问题。梭罗将自己隐居生活期间的所做、所看和所思写成了散文《瓦尔登湖》。《瓦尔登湖》一开始只是作为自然主义的文学作品，随着人们对自然和环境问题的认识，梭罗的思想逐渐为人们所热爱，《瓦尔登湖》成为影响美国人性格的十本书之首，对西方环境保护主义思想产生了深远的影响，梭罗也因此被称为“自然之子”、“绿色圣徒”。

杰桑·索南达杰　曾是青海省治多县的县委副书记，为了保护美丽的可可西里和藏羚羊，1992 年，索南达杰创立西部工委。他 12 次深入可可西里考察并与盗猎分子展开斗争。1994 年，索南达杰和 4 名队员在可可西里抓获了 20 名盗猎分子，缴获了 7 辆汽车和 1 800 多张藏羚羊皮，在押送歹徒的途中遭遇歹徒袭击，索南达杰与 18 名持枪偷猎者对峙，被子弹击中，直到流尽最后一滴血，索南达杰都始终保持着跪射的姿势。当人们发现他的时候，可可西里的严寒已经把他冻成了一尊冰雕，在他身旁的两辆卡车里尚存 1 300 多张藏羚羊皮。索南达杰的牺牲引起人们很大的震撼，藏族人民用对待活佛的火葬礼安葬了索南达杰，民间环保组织建立了索南达杰自然保护站。1996 年，国家环保局、林业局授予索南达杰“环保卫士”的称号。

梁从诫　1994 年领导创办第一个民间环境保护组织——“自然之友”(Friend of Nature)。“自然之友”先后推动参与保护川西洪雅天然林；保护滇西北德钦县原始森林滇西金丝猴；圆明园修缮听证会等。梁从诫组织“自然之友”捐款 40 万支持西藏野牦牛队反盗猎活动，并给英国首相布莱尔写信要求制止藏羚羊贸易。“自然之友”从德国引进流动环境教学模式、购置绿色“羚羊车”，到全国各地的中小学去散发关于环境保护的传单、资料等。除了公共的环保事务，梁从诫先生的格言是：“真心实意，身体力行。”他生活非常简约，坚持以自行车作为交通工具，他是唯一骑自行车参会的全国政协委员。他的名片是用废纸的背面印制而成，无论到什么地方他都是自带碗筷，拒绝使用一次性用品。梁从诫先生的环保行动曾经获得了“亚洲环境奖”、“地球奖”、“大熊猫奖”、“国际中国环境基金会杰出成就奖”，并成为 2005 年首届“绿色中国年度人物”。

张正祥 被称为“滇池卫士”的昆明市西山区富山村村民。1955 年 7 月，只有 7 岁的张正祥就失去了父母，由于缺少成人的养育，他只好只身钻进了滇池边的山林里生活。他说滇池就是他的母亲，因为他就是吃滇池里的鱼和西山上的野果长大的；他认为父母给了他生命，而滇池养育了他。19 岁他当上生产队长以后，给村民立的规矩就是不许在滇池里洗衣，倒污水；不许在滇池边砍伐树木。上世纪 90 年代后，随着当地经济建设的加快发展，滇池开始遭受到各种污染。滇池周边蕴藏着丰富的磷矿和石灰石，许多地方开始开采矿石。为了阻止在滇池边上开采，张正祥拿着昆明市政府 1988 年颁布的《滇池保护条例》开始了滇池保卫战。他绕着 126 公里的滇池走了一千多圈，把采石场破坏环境的场面拍成照片，向有关部门进行反映，在滇池边巡查、拍摄、写材料、反映情况成为他的主要工作。为此，他花光了家里的积蓄，妻子离他而去，子女受到恐吓，自己经常遭受毒打。别人称他为“张疯子”，张正祥却说，是那些人疯了，他们不知道天高地厚，疯得只知道钱了。他与成千上万的环境破坏者进行了长达 26 年的斗争，最终以牺牲家庭和自身致残为代价，换来了滇池自然保护区内 33 个大、中型开矿、采石场的封停。张正祥获得 2005 年“中国十大民间环保杰出人物称号”，“2009 年感动中国十大人物”。2011 年入选国家形象片代言人。

杨善洲 退休前是云南保山地委书记，1988 年退休时婉拒了领导安排到昆明安度晚年的好意，回到家乡云南省施甸县大亮山，带领群众植树造林，绿化荒山，一干就是 22 个年头，使原来的荒山秃岭变成了苍翠的林海。2010 年西南五省大旱，大亮山林场附近的百姓仍有水喝。去世前他把自己的 5.6 万亩林场权益全部捐献给了国家。杨善洲坚守共产党员精神家园，义务植树绿化荒山的精神感动了群众，他曾获得“全国绿化十大标兵”、“全国绿化奖章”，被评为“2011 年感动中国十大人物”。

除了上述五位之外，中西方的环境保护运动中还产生了一大批绿色环保人物如阿尔多·利奥波德、瑞切尔·卡逊、北京地球村文化中心的廖晓义等等，形成了一个绿色人物的道德楷模群体。通过对以上这五位为代表的在人与自然关系方面展现出高尚道德品质的绿色人物的精神内涵的分析，环境伦理学家对其精神内涵进行了总结。本书采取夹叙夹议的方式，尝试总结出五个方面的道德人格特征。

1. 热爱自然

热爱自然是具有环境美德的道德人格特征的首要特征，可细分为亲近自然、体悟自然和敬畏自然三个层次。亲近自然是指在日常生活世界中与自然非常贴近，熟悉自然环境中的事物并且对自然有着质朴天然的情感。索南达杰生长于美丽的可可西里，对可可西里的自然事物有着非常深厚与纯朴的情感，对可可西里的神秘充满着敬畏，对生长于此的藏羚羊有着深沉的爱。面对盗猎分子对藏羚羊的残害，他担当起保护藏羚羊的责任。相对于今天处在都市生活中，蜗居于高耸入云的高楼大厦间，生产资料和生活资料都来自于工业产品，日常生活依赖商业、市场和工业产品，在生活方式上远离自然的生活模式来说，那些在乡土世界中生活，在林间、草地、农场、山野中生活的人们，有更多的机会亲近自然而对自然有着更深刻的认识和感情。体悟自然是要在亲近自然的生活中感悟到人与自然之间的亲密关系，体悟到自然是整体、有其内在的规律和意义、是人的精神家园和生命意义所在的道理，是自我实现的重要价值之一。利奥波德在《沙乡年鉴》中记录了沙乡一年十二个月的自然风光，他认为看到白头翁花的权利和言论自由的权利一样重要。人们对待自然、对待土地，不能像征服者那样，而是应该认识到自己是土地共同体中的一员，带着对土地的尊敬、热爱去对待自然。梭罗更是痴迷于自然的生活，他把自然作为自己的精神家园，作为生命之根，作为人生的意义所在。他用自己的心灵体验自然的神秘的超灵，对自然生灵的呵护和热爱是他生命的意义所在。梭罗爱孤独、沉思，他描写自然事物充满爱意，例如地窖里的鼹鼠，冬季里的梭鱼，成群的蚂蚁，无名的小花等。在亲近自然，对自然具有深刻的生态学认识和深沉的生活情感的基础上，产生敬畏自然的道德自觉。卡逊批评了那种狂妄的征服自然的观点。她认为，“控制自然”这个词，是人类妄自尊大的想象的产物，是生物学和科学还处于低级幼稚阶段的思想产物。人类对自然越了解，就越会敬畏自然而不是愚昧地征服自然，越不会把自然当作征服的对象和随意攫取的资源，而是把自然当作生命之源，当作敬畏和热爱的对象。

具有环境美德的人格范型在“热爱自然”方面所具有的美德包括：敬——敬畏、尊敬、尊重、谦逊，仁——仁爱、仁慈，悟——觉悟、体悟、醒悟，悦——欣赏、悦纳、愉悦，在自然生活中体会到身心的愉悦。

2. 物欲批判

人与自然关系的严重恶化根源于近代以来工业文明的发展。大工业大机器时代的生产生活方式大大改变了人与自然的物质变换方式。在农业文明时代,自然的生长、生产服从于生态规律;工业文明时代通过科学技术大大加深了人与自然的物质变换,深埋在地下的矿藏和深海石油被开采作为能源,农业科技的发明使土壤的生产能力转变为化学生产能力。在这些改变中,为适应工业文明大生产和市场经济制度,刺激消费是必然的手段。伴随着由发达国家到发展中国家的经济全球化道路,消费主义在全球大行其道,其根本点就是激发人对物质生活的贪欲,多一点,再多一点,不断地更新换代,追求更多的和更高的物质生活享受。在一定的程度上,西方经济学的"经济人"假定在当今大行其道,而"经济人"假定背后的基本人性假定是人的欲望(want),是人性中恶的一方面。工业文明的发展和市场经济的繁荣一方面满足了人们的需要,另一方面却需要不断地刺激人们的欲望来获得发展的动力,可以说人性中的贪婪已成为当代经济发展的深刻因素之一。

具有环境美德的道德人物对物欲和消费主义有着清醒的认识和深刻的批判。梭罗到瓦尔登湖畔生活就是为了证明生活并不需要那么复杂繁多的奢侈品,他在《瓦尔登湖》中详细地记录了自己从建造小屋到耕读生活白手起家所需要的费用,他的结论是一年的生活费用实际上只用六周的工作就够了。盗猎分子对藏羚羊的杀害实际上是一条奢侈品消费的链条,为拥有能够穿过戒指孔的羊绒披肩而对藏羚羊大肆猎杀显然不是满足基本需要的消费,而是畸形消费的需要。猎杀野生动物,食猴脑,吃熊掌,享受珍馐美味,饕餮大餐与古代猎户为满足基本生存的需要而打猎大相径庭,严重异化的消费和甚嚣尘上的消费主义是环境破坏的社会病灶。

具有环境美德的道德人格必然对贪欲有着深刻的警醒,对弥漫着的市场经济和消费主义的刺激贪欲的广告有着清醒的辨识和批判精神。就美德的德目而言,简——简单、简朴、简约,俭——节俭、节欲、节制,中道——适度、不贪,是其美德精神的体现。

3. 社会责任

具有环境美德的道德人格生活于现代生活之中,而生态危机和环境问题的产生也是现代社会的弊病之一。人与自然的疏离,以刺激人的贪欲为人性依据的经济发展方式和“文明”化了的消费主义生活方式及其附属的商业文化等，以及环境作为资源被消费而引发的社会对资源的占有和消费引发的环境非正义现象，都存在于现实社会中。具有环境美德的道德人格不仅体现在人与自然之间的道德情感和伦理关系中，而且在人与社会中有敢于承受社会压力，进行社会批判，承担社会责任的精神气节。梭罗对当时美国处在资本主义兴盛初期的许多行为进行了批判。卡逊写作《寂静的春天》后，遭到了化学工业和一些农场主的反对、诋毁、谩骂，甚至是迫害，她没有退缩，而是带着科学精神和对环境保护的沉重的社会责任感坚持发表演讲，参加国会的听证会，在电视台与反对者进行辩论，成为环境保护的斗士。索南达杰说：“如果需要死人，就让我死在最前面。”索南达杰用他的生命唤醒了全社会对藏羚羊的关注和保护，是可可西里的保护者。梁从诫先生 1993 年任《百科知识》月刊编辑期间，接触到关于环境保护方面的资料，他敏锐地意识到这是中国的重要问题之一。于是，他成立“自然之友”，到处奔走呼号，以自己的力量为中国的环保事业尽职尽责，此乃继承了祖辈与父辈勇于担当的精神。梁启超、梁思成、梁从诫祖孙三代，针对中国不同时期不同的社会问题，以不同的方式对国家和民族承担起自身责任。具有环境美德的道德人格在社会责任方面的美德有：公共理性、社会担当精神、批判精神和奉献精神。“天下兴亡，匹夫有责”，这里的“天下”，过去指的是封建政权，在今天可以理解为生态环境，理解为中国的和全球的环境之“天下”。

4. 道德践行

实践是道德作为人的存在方式，环境伦理是人在保护自然环境方面的伦理实践。具有环境美德的道德人格所具有的品格特征之一是在环境伦理方面的实践。梭罗的实践是在林中生活，用最简单、最自然的人与自然和谐的方式生活，并用超验主义的精神体会自然，寻求人的精神家园。梁从诫先生身体力行，他以自行车作为交通工具，用废纸印名片，自带碗筷拒绝使用一次性用品，践行着简朴的生活方式。利奥波德则购买了因土地退化而废旧的农场，与家里人一起种上几千棵树来让土壤恢复肥力。他在农场里的劳作，他对自然界的观察和体验，都体现着一种返璞归真的生活方式，他身体力行地感受自然之美，倡导保护环境。施韦泽对敬畏生命的感悟来自于他在非洲丛林的道德实践。具有环境美德的道德人格身体力行地践行自己的环保理念，并以自己的行为实践影响和感召着身边的人，形成环境伦理的生活实践。杨善洲在担任地委书记期间，坚持清正廉洁的为官原则，家里人、家乡人希望能够有些特殊照顾的事情都被回绝。但是，他同时也承诺，退休以后一定会为家乡人民做点事，他所做的事就是要改变大亮山荒山秃岭的面貌。在退休后的第三天，他就带领群众上山植树去了，由于资金不足，曾经的地委书记在集市上捡果核给林场育苗。杨善洲的道德践行一干就是20多年，他的践行中既有忠心赤胆的红色精神，也有他回报养育自己的故土家园，回报那山那水的绿色人格。

5. 自我实现

心理学家马斯洛分析了人的基本需要并提出了需要层次论，在满足了生存、安全、归属、荣誉等需要之后，人最高的精神需要是自我实现的需要。满足自我实现的需要实际上是与人生价值和人生意义的思考相联系的，在日常生活世界的很多活动实践中，人们都在自觉不自觉地追求着自我实现，自我实现的方式有很多不同，自我实现的激发点也不同。有的人以财富的追求为自我实现，但同时认识到自我实现并不是拥有财富本身，而是体验追求财富的过程；有的人以挑战自我为自我实现的方式，挑战各种难度，超越自我；有的人以平凡的快乐为自我实现，体验到自己被家人所需要，被职业服务对象所需要等等也是自我实现。环境伦理学家也借助了自我实现的需要，论述了在自然中生活或保护自然的过程中的自我实现。索南达杰为保护藏羚羊而牺牲，他的牺牲唤起了国家和公众对可可西里的保护意识，使可可西里成为国家自然保护区，他的自我实现了。梭罗在自然中获得心灵与自然融为一体的感受。利奥波德观察到大地共同体的存在。梁从诫从祖孙三代的社会责任感出发而获得了播撒绿色种子，体验一种精神和换一种生活方式的自我实现。在环境美德的形成和活动中，具有美德的道德人格不是纯粹的道德牺牲者，同时也获得了在社会和在自然中的自我实现。

“热爱自然”、“物欲批判”、“社会责任”、“道德践行”、“自我实现”五个方面是在通过讲述五位在人与自然方面具有高尚道德情怀的绿色人物的故事时所体悟的道德精神内涵。在此，“讲故事”的“醉翁之意”还在于回答本书导论提出的第三个问题，即道德称号、精神内涵和绿色精神引领的问题。作为在人与自然之间表现出高尚道德品格的楷模群体，他们分别获得了多种多样的荣誉称号，梭罗被称为“自然之子”，卡逊被称为“现代环保运动之母”，徐秀娟被称为“我国环保战线上因公殉职的第一位革命烈士”，索南达杰被授予“环保卫士”称号，梁从诫被授予首届中国

“2005 年度绿色人物”称号，张正祥和杨善洲被分别授予 2009 年和 2011 年“感动中国十大人物”称号。近年来的环保宣传中还出现了“环保英雄”、“绿巨人”等称号。毫无疑问，这些称号背后都表达着共同的意思，即对这个具有面向自然的环境美德的道德楷模群体表达了赞颂，称号的词汇表达各不相同，但是精神内涵是相通的，是具有环境美德的绿色人格内涵。

前面对具有环境美德的道德人格的理论探讨，将对我国的环境道德宣传和环境道德教育实践产生重要的指导意义。以绿色人物的评选实践活动为例，在我国各类环境道德教育和榜样人物的宣传中，“绿色中国年度人物”是较有影响的宣传活动。“绿色中国年度人物”是 2005 年设立的，由中宣部、全国人大环资委、全国政协人资环委、文化部、国家广电总局、团中央、国家环保总局七个部委联合主办，中国环境文化促进会承办，并得到联合国环境规划署特别支持的政府环保奖项，奖励在环境保护方面具有突出贡献的人物，所选人物通常被称为“绿色人物”。“绿色中国年度人物”评选的首倡者、时任国家环保总局副局长潘岳认为，中国环境问题的彻底解决，不能仅仅依靠政府，而在于全社会环境意识的提高，更在于激发社会公众的力量。设立这个奖，就是为了鼓励包括学界、传媒、民间组织在内的一切公众环保力量，为中国真正实现可持续发展做出贡献。从伦理与道德教育的角度看，绿色人物的评选，就是榜样人格的塑造和道德示范教育活动。绿色人物的评选与中国的环境道德教育密切相关，对环境道德教育有着促进作用。年度人物的评选要体现出强烈的社会责任感、明确的理念诉求、广泛的公众参与和强大的社会公信力。把对候选人物的评选置于更加广阔的社会文化背景之中，使他们的环保行为不再是一种单纯的个人或群体行为，而是一种文化重构的努力。笔者以为，“文化重构的努力”既包括在中国正在转型的公民社会中培养管理公共事务和公众参与公众事务的公共精神，也要培育环境保护的文化，包括从环境美德伦理的视角建构具有环境美德的新型道德人格。

首先，绿色人物的德性内涵是对传统道德人格和美德德目的丰富和发展。如上所述，绿色人物的概念除了作为社会公众人物所具有的公共精神外，最重要的是相对于传统的榜样人格和道德楷模，绿色人物本身是新的道德人格。“绿色人物”、“环保卫士”、“生态卫士”是在环境保护过程中形成和培养的新型道德人格，是值得公众学习和效仿的对象，是人类美德精神的丰富和发展。并且，新型道德人格对“什么是道德的人”的回答进行了拓展和丰富。在传统的美德和人格内容中，具有诚实、公正、节约、仁爱等等就是一个有道德的人，但是在绿色人物的新型道德人格不断涌现的今天，在美德伦理的内容必须意识到人的生态性存在和必须具有相应的生态或者环境美德的前提下，一个不具有环境美德的人，不是一个有道德的人。同样，一个成功的人，不仅需要有外在的知名度和影响力，还需要具有内在的高尚的丰富的精神内涵，其中必不可少的就是在环境问题和人与自然关系向度上的美德，如上所述的在环境美德意义上的谦逊、简朴、开放等等。反过来，在传统的价值观标准评价下的成功的人和道德的人，经过环境美德的审视很可能被列为反面人物，而显示出其人格结构在人与自然关系向度上的缺陷。

其次，绿色人物的德性内涵明晰是对环境道德教育理念的促进。环境伦理学的研究成果是环境道德教育的学理基础，是对为什么要保护环境的学理阐释。自上世纪 70 年代以来的环境伦理学研究大多集中在关于人类中心主义与非人类中心主义，自然界是否具有内在价值和天赋权利，人类应该对自然界负有怎样的道德义务等问题上进行探讨。环境伦理学的研究目的大多是确认自然界的内在价值及其道德地位，环境伦理学研究为环境道德教育提供的理论成果往往表现为一系列的规范，如保罗·泰勒尊重自然的四条规范是：不伤害、不干预、忠于和恢复的义务；大地伦理学派利奥波德认为当一个事物有助于保护生物共同体的和谐、稳定和美丽的时候，它就是正确的，当它走向反面时，就是错误的；深层生态学理论平台多达八条规范，如地球上存在的人类和非人类具有内在价值，非人类生命形式的价值独立于其对人类的用处，除非满足重要的需求，人类没有权利去减少这种丰富性和多样性。

绿色人物的评选是从“我们应当成为什么样的人”的角度关注人的生态性存在，关注环境问题，是环境伦理以美德伦理为基础的理论研究的成果，提供给环境道德教育的理念是从人的角度展开的，是环境道德教育从道德规范向人的道德品格的转向。绿色人物的新型道德人格的提出意味着环境道德教育不仅向社会公众提供相关的处理人与自然关系的道德规范，而且提供如何做有道德的人，包括具有环境道德的人。而且只有具有了在环境道德上的德性表现，才是一个完整的人，是一个有道德的人。环境道德教育不仅以对自然界的价值和权利的尊重为前提，也以人类的繁盛和人的全面的品格养成(包括环境美德)为目标。环境道德教育是规范教育和人格教育的统一，是社会责任感和人对自然的责任意识的统一。

自 2005 年来，“绿色中国年度人物”的评选活动吸引了广大公众的参与和关注，评选出了如廖晓义、张晓健、梁从诫、杨欣、霍岱珊等绿色人物，每个人不同的人生故事和对环境保护的共同关注极大地震撼和教育了公众。但是，在“绿色中国年度人物”的评选中也存在着一些争议，譬如张艺谋当选2007年“绿色中国年度人物”后引发争议，评选委员会的本意是希望凭借影视媒体的力量宣传绿色环保，但是很多网友对此持反对意见。固然，争议本身说明社会公众对环境保护的关注，但同时引发思考：公众的争议反映了什么问题？

“2012—2013绿色中国年度人物”评选的基本标准是：“（一）公益 1. 具有强烈的社会责任感和环境意识，热心环境保护事业，积极支持、参与并推动环境保护公益活动以及生态文明建设的开展。2. 具有鲜明的环保公益意义，体现社会发展方向、社会价值观取向及时代精神。（二）行动 1. 长期积极组织环保活动，在促进环保理念传播、环境质量改善以及节能减排方面有显著成就。2. 其行动充分体现建设资源节约型和环境友好型社会的要求，为推动环境保护事业、可持续发展和循环经济做出杰出贡献。3. 在环境保护或相关行业中有杰出贡献，具有一定的社会知名度和良好的公众形象。（三）影响 1. 其思想、言论、行为、决策对环境保护事业产生了积极影响。2. 其事迹具有先进性和典型性，对社会公众具有明显的带动、导向和示范作用。3. 在年度中国环保事业中获得重大荣誉，或其行为引起社会广泛关注。”①作为备受公众关注的“绿色中国年度人物”评选标准中尚存在对绿色人物的道德内涵缺乏深入思考和把握不够精准，评选标准外在化，缺乏绿色精神层面的导向和引领等问题。

首先，评选标准以公益性来定义环保活动，以评选的公开透明、公众参与的公共精神作为环境评选的主要原则之一。公共精神是“绿色中国年度人物”评选的主要原则之一，它对应于中国环保事业的最终动力来源于公众这一价值判断。诚然，环境保护是公众的事业，需要公众的参与和推动。与其他领域的工作相比，政府部门在环保事业中对公众参与的鼓励与认可，对公共事务中公共精神的倡导和弘扬，对环境保护事业的推进和社会公众环保意识的促进有着巨大的作用。问题是，公共精神是包括环境保护在内的所有公共事务所共有的特点，公共精神也是教育事业、慈善事业等公共事务的主要原则，公益性和公共精神不是绿色人物最主要的特

---

① 2012—2013绿色中国年度人物评选标准[2016-07-21]新华网. http://www.xinhuanet.com/energy/zt/nygc/zt/o.htm.

点。绿色人物最主要的精神特点应该是在人与自然关系向度上表现的绿色情怀，不同于救灾捐款，资助教育，救助孤寡老人、危重病人等社会慈善家所普遍具有的公共精神。也就是说，公共精神是从事环境保护的绿色人物的基本素质之一，但不是最核心的道德素质和精神内涵。

其次，评选标准的“行动”突出“成就”、“贡献”；“影响”突出“社会知名度”、“公众形象”、“重大荣誉”和“广泛关注”。作为影响力广泛、政府较高级别的环保奖项，如此要求本无可厚非。问题是，行动和影响所规定的评选标准的共同特点是其外在性，“一定的社会知名度”、“良好的公众形象”等都是对被选人物的外在条件的要求，而与此相反的是评选标准中未对符合外在条件的公众人物所应该具有的内在精神做具体规定，对其内在的精神内涵、人格规定在环境问题方面未加要求。如此一来，许多具有社会知名度和良好公众形象的人物入选绿色人物，但是其本身的精神特征向公众传递的信息并不是因为其环保理念和环境意识，而是在其他领域的公众影响力。评选标准的设定初衷是借名人之力宣传环境保护，但问题是名人的人格形象与环境保护的内在距离并不能引导公众迅速实现理念转换。在某种程度上，名人早已定格的人格形象反而会淹没其所宣传的环境保护理念，如张艺谋入选“绿色中国年度人物”引起争议，一方面是因为公众质疑其前期剧组拍摄以及其与地方的合作演出《印象》系列等对环境的破坏，但最根本的原因是公众对其形象认知是在演艺事业的社会知名度和社会公益事业的广泛参与，他的精神内涵方面与环境保护的人格形象尚有一定的距离。

再次，绿色人物评选标准中的内在规定性的缺失，对环境意识和环境理念缺乏基本的阐释和规定，着眼于关注绿色人物的公共精神和社会影响，对其内在的精神特质和人格内涵缺乏规定，恰恰是缺失了绿色人物的灵魂。在历年评选出的绿色人物报道中，对其生活事迹报道详尽具体，但缺乏对其内在精神品格的提炼和阐述。换句话说，对绿色人物的“绿”的精神内涵缺乏研究和规定，在评选标准中呈模糊的状态。这一方面反映了绿色人物评选初期吸引公众关注的目的，另一方面反映了在“绿色人物应该具有怎样的精神内质”这一问题上理论研究的缺乏。也就是说，“绿色中国年度人物”评选关注外在的行为和影响的时候，更应该着力思考和分析绿色人物的精神内涵是什么。具有环境美德的绿色人格是绿色人物的灵魂，是生态文明时代的绿色精神，所选择的绿色人物的公益精神、环保行动和社会影响的三大标准必须服务于绿色人格的精神内涵，才能从精神层面，从道德角度引领社会的思想。本书提出的“热爱自然”、“物欲批判”、“社会责任”、“道德践行”、“自我实现”的精神内涵也许不甚完备，但注重绿色人格的精神内涵和绿色精神灵魂的环境教育思路是值得思考的。

第三节 环境美德的培育路径

如何培育具有环境美德的绿色人格，西方环境伦理学者珍奥弗瑞·弗拉茨认为当今的环境破坏大多是功利性短视的结果，具有环境美德的新型道德人格培养要培育其审慎的或者环保的实践智慧，要培育具有长远眼光的社会思维，要在亚里士多德的意义上区分经济和理财的概念。理财是短期的谋利，而经济是长期的为了共同体所有成员的长远利益着想。此外，他推崇野外生存体验，认为野外生存体验是培养具有政治性、团结的、谦逊的、开放的、尊重自然或者与自然界建立友谊的美德的最佳途径。尤金·哈格罗夫则主张环境美德教育要注重克服功利主义、实证主义和普遍主义的倾向，环境美德教育要与人所处的当地的自然、社会、文化生活环境相适应，反对功利的、实证的思维在环境道德教育中的使用，从而培养具有环境美德的新型人格。国内学界研究将环境道德教育途径概括为四点：(1)更新道德价值观，梳理合理的利益观；(2)加强环境知识的宣传教育；(3)建立适度消费和绿色消费的观念；(4)鼓励与完善环境评价公众参与制度和环保社会团体制度。而且，各种各样形式的环境保护活动也开展得轰轰烈烈。事实上，各种措施和途径在培育具有环境美德的道德人格方面都有用，本书不追求大而全的培育路径，只希望选择两条自认为较重要的路径加以着重研究：一是以地方性知识为视角进行乡土环境教育的路径；二是日常生活的低碳生活方式教育的路径。本书这两条路径的论述还较偏理论方面，至于具体操作可由实施者创造性运用。

一、地方性知识视角的乡土环境教育

学校道德教育是我国环境道德教育的重要渠道，环境道德教育已经渗透在我国中小学的教材与课程中，如地理、自然、思想品德与社会等各个方面，在高校则有相应的以环境为主题的自然科学和人文社会科学的研究，环境道德教育的课程和

专业的研究生教育等。另外,我国高校还开展了绿色大学的创建活动,将大学校园生活和管理与环境道德教育相结合,各个学校设有学生组织的环保社团等,教育的途径、形式和内容丰富多彩。但在具体的操作中,往往限于课堂教学和普遍性知识的影响,乡土教育或者对地方性生态教育知识不足,环境教育的课堂教育与环境保护的实践教育之间还存在一定的距离。这需要从具体教育的措施上加强,更需要从理念上理解教育的地方性、环境保护的地方性的重要性,从地方性知识的视角来加深对乡土教育的理解。

“地方性知识”(local knowledge),中文也可以译作“本土知识”、“本地知识”,是20世纪60年代美国文化人类学家克利福德·格尔茨(Clifford Geertz)提出并被广泛使用的一个概念。地方性知识最早在人类学领域内使用,现已作为一种研究的工具方法广泛运用于科学社会学、教育学、社会学等学科中。人类学研究中普遍主义的方法和特殊主义的方法论之争是地方性知识产生的直接原因。就人类学而言,普遍主义的观点认为人类学的宗旨是发现人类文化的共同结构和普遍规律,特殊主义的观点强调社会科学不可能像自然科学那样达到普遍化的结论,而应该去发现个人、族群和社会独有的精神文化特征。格尔茨说:“同马克斯·韦伯一样,我认为人类就是悬挂在自己所编织的一种富有意味的网上的动物。研究文化并不是寻求其规律的实验性科学,而是探寻其底蕴的阐释之学。”①研究文化之所以是“探求其底蕴的阐释之学”,是因为西方的人类学研究者在对原始文化的研究中发现,长期被认为是唯一普遍正确的西方知识和价值观念体系并不是唯一自足的,也不足以解释各种原始文化中的观念和现象。人类学家应该更关注文化的分析和意义的阐释,而非像以往的人类学家一样进行实验室性质的研究。而且,由于知识总是在自身特定的历史背景和情境中产生并得到辩护,因此我们对知识的考察和理解必须关注它形成的具体历史条件。

以地方性知识的观点审视我们的知识体系会发现,随着近代西方文明席卷全球,这种文明背后的知识也被作为普遍性的知识在全球范围内取得了主导地位,牛顿力学、麦克斯韦方程组、分子生物学、大爆炸宇宙学、火箭推进技术、植物转基因技术以及学生在中学、大学中所学的数理化等,几乎都是这类普遍性的西方科学知识。西方的科学知识被认为是普遍正确的、有效的。相应的,各民族、各地方在传

① Geertz C. The interpretation of cultures [M]. New York: Basic Books, 1973: 5.

统社会长期使用的一些知识，如中国传统的算术、中医、药学、星象等知识，就被认为是局部的、不具有普遍性的知识。在西方的科学技术知识大背景的参照下，这些知识被认为是不重要的、可有可无的，甚至是不科学的、迷信的知识。

地方性知识概念的提出引发了对人类学、生态学、教育学、民俗学、文化学等领域"地方性"问题的重视。"地方性知识是指各民族的民间传统知识，其使用范围要受到地域的限制。通常的科学研究也会接触到地方性知识，但是很少将其作为主要的研究内容。文化人类学及其当代分支学科——生态人类学则不然，它不仅高度关注各民族的各种地方性知识，而且致力于发掘、整理和利用地方性知识去开展生态维护。"①从生态人类学的角度看，拉弗勒斯(H. Raffles)倾向于将地方性知识理解为一种亲密关系，凭借这种亲密关系人们相互了解并了解自然。"例如，Tanner 和 Scott 曾详细地描述过魁北克 Cree 猎人关于人类与动物之间的互惠关系。Cree 人把他们猎捕的动物看做是群体的成员，他们与这些动物建立了长期的伙伴关系，并相互认可、互尽义务。礼物在人的社区(居所)和动物的领地(丛林)之间进行交换。……Cree 人把他们从环境中获取的力量以举行仪式或其他形式返还给环境，期望环境会在未来继续为他们提供食物。"②从民俗学角度来看，地方性知识就是那些民间传统知识，即针对自然环境、生态资源而建立起来的专属性认识和应用体系。"由于独特的地方性，其使用范围往往会受到地域的限制。长期以来，大多数学者认为在理论和方法上没有受过训练的当地人所提供的知识缺乏系统性和科学性，不会对社会科学作出贡献。因此，在许多学科中的话语表示中我们很少能听到地方性知识的声音，在各学科的知识体系中它们长期处于边缘地位甚至被完全忽视。"③以在南方普遍出现的刀耕火种的耕作方式为例，在我们经过西方科学知识和技术发展影响的观念中，刀耕火种被认为是原始的、落后的耕作方式，是文明和经济落后的代名词。但是，尹少亭从生态人类学的角度对刀耕火种进行了重新研究。他认为，我们在运用人类学的视野看待刀耕火种时，应该以中立的态度去认识和解释它，去阐释它的文化底蕴及其所体现的当地人与自然之间的关系，而不应该以潜意识中的西方科学文化观念所判断的"先进"和"落后"概念来给

① 杨庭硕.论地方性知识的生态价值[J].吉首大学学报(社会科学版)，2004，25(3)：23.
② 袁同凯.地方性知识中的生态关怀：生态人类学的视角[J].思想战线，2008，34(1)：8.
③ 袁同凯.地方性知识中的生态关怀：生态人类学的视角[J].思想战线，2008，34(1)：6.

出价值判断。地方性知识在人类对当地的生态维护中起着重要作用,需要重新审视,这是地方性知识在生态人类学中的应用。

除科学社会学、生态人类学和民俗学之外,知识的地方性问题引发了教育学,特别是对环境教育的反思。与牛顿定律、分子生物学、大爆炸论等普遍性知识的流行情况相类似,西方的环境科学知识和生态学知识也不知不觉地被普遍化,关于生态危机流行的新生态环境学的术语是气候变暖、物种灭绝、热带雨林消失、酸雨、臭氧层空洞、温室效应等,这些内容自然而然地成为全球环境教育普遍性的基本知识,我国的环境教育内容也不例外。环境科学知识的普遍性研究范式铸就了环境教育的内容和范式。从环境危机的全球性以及生态科学家的研究来说,普遍主义的生态学知识范式在应对全球危机、认识生态系统的整体性问题上具有非常重要的意义。但是,一旦运用到环境教育中,就会出现时空差距而使教育效果大打折扣。对于生活在北半球温带和寒带的未游历过热带雨林的人来说,对热带雨林遭受破坏和消失的体会只停留在新闻报道和课本之中,远没有在看到自己从小玩耍的河流受到污染时来得真切;对于中国的普通人来说,对"地球上每天都有物种灭绝"的环境保护格言警语的体会远未及对四川卧龙的大熊猫的关注真实;对于生活在海南亚热带气候中的人来说,很难体会到沙尘暴来袭时天昏地暗的恐惧;对于在美国西部牧场上纵马驰骋的西部牛仔来说,很难理解中国的土地被分割成一垄一垄甚至是一层一层的梯田的必要。在追求普遍性知识的理念的指导下,"近代以来的学校教育,十分强调普遍性知识的传授,自觉或不自觉地努力克服学生本能对地方性知识的获得。没有念过书的人,对他的家乡、对他屋前屋后的动物、植物、山脉一定会比较了解,他们知道哪种植物能吃哪种植物不能吃。但是如今很多博士生包括生物系的博士生,认识的植物很有限,他们有的人一辈子就研究一两种植物"①。在地方性知识的意义上,对传统的自然科学知识包括环境教育的模式提出了问题。学生学习的生物学知识包括这个动物属于哪个类,有什么特性都是来源于书本和普遍性知识。这些普遍性知识的学习在中国应试教育体制的扭曲下,成为学生背诵和记忆的对象,但是学生对于本区域自然界的事物的了解却非常有限。本地区自然界植物的物种,动物生活的习性,地方的气候和生态环境等"地方性知识"被普遍性知识的学习有意无意地屏蔽掉了。这样,全国范围内大江南北进行的

---

① 刘华杰.漫话博物学[N].大众科技报,2011-01-21(B05).

环境教育的知识是普遍的、规范的，关于物种灭绝、酸雨现象，关于温室效应、冰川融化等等知识“悬浮”在学生的头脑中，而学生对于生活中身边的自然事物通常熟视无睹。针对这种现象，乡土环境教育成为地方性知识视域下环境教育的重要内容。

地方性知识视域下的乡土环境教育包括两个方面：

第一，乡土生态知识的教育。在环境教育中，既注重一般的全球环境科学知识层面的知识传输，也要有意识地引导学生关注当地的环境知识，当地的花草树木、河流山川及区域性生态系统的知识。这些知识可以是生态学家或环境科学家对本区域生态系统研究获得的知识，可以是那些来自传统的、古老的、民间的风俗习惯和生态传统知识，需要开发在过去认为“上不了台面”的民间“地方性知识”，包括民间的生态学知识和各种文化层面的知识。“博物学很大程度上就是一种地方性知识。博物学是人与大自然交流的学问，它强调地方性。在此，‘地方性’不是贬义词，而是褒义词。地方性知识如今受到越来越多领域学者的关注，其中的一个动机就是，摘掉‘地方性’头上的落后、浅薄等帽子。”①在这个意义上，乡土环境教育就是要走出实验室的课堂，走向大自然的课堂，不仅要向学校里的老师学习，而且要向熟知地方性生态知识的民间人物学习。刘华杰认为，“农民世世代代与土地、大自然打交道，他们了解土地，知道周围什么东西什么时候长起来，什么东西能吃、最好吃，什么不能吃、有毒等等。在这种意义上，农民就具有很多关于植物的地方性知识，而博士生虽然很有学问，但应该向农民学习。同样，传统猎人非常熟悉本地的外部世界，他对大自然的理解可能不亚于一知半解的生态学家、猎物管理工作者”②。打破原有的科学主义的、人类中心主义的自然科学知识体系，重拾对地方性知识的信心，可以整理和发掘出丰富的地域性的生态人类学知识，用以指导不同区域的经济发展、生态保护和文化发展，避免出现千篇一律的经济发展模式和社会生活方式；特别是对地方生态环境的认识，可以有效避免盲目拷贝复制发达地区经济社会生产方式而带来的环境破坏行为。

第二，培养自然情感的乡土教育。当代中国社会正处在工业化、现代化的高速发展之中，在我们对现代化发展的成果感到沾沾自喜时，殊不知人类正陷入现代化

---

① 刘华杰. 漫话博物学[N]. 大众科技报，2011 - 01 - 21(B05).
② 刘华杰. 漫话博物学[N]. 大众科技报，2011 - 01 - 21(B05).

的伴生物——生态危机的困境中。生态危机的困境不仅仅是自然存在物的破坏、生态系统的失衡等，造成生态危机的生产生活方式同时也造成了人的精神危机，最大的表征之一就是人与自然的疏离而导致的情感危机，人类与自然、与土地、与生于斯长于斯的乡土文化之间的断裂。以人地之间的情感为例：首先是人类对土地依赖感的淡化。农业社会中人类对土地的依赖与工业社会人类要极力挣脱土地的束缚形成鲜明的对比。工业化以来，传统的小农经济受到严重冲击，工业生产在整个国民经济生产中所占的比重越来越大，工业对拉动经济增长，促进经济发展，改善人民生活水平起着重要作用。中国农业社会向工业社会转型的过程中，大量的农村剩余劳动力向城市、向工业部门转移，呈现大规模的劳动力迁徙的民工潮。与农业文明时期，人类依赖于土地的生产生活方式相比，工业社会人类对土地的直接依赖越来越少，从土地上直接获取的经济利润也越来越少，人们在挣脱土地的束缚，谋求新的生存之路的时候，对土地的依赖情感也逐渐淡化，原来依靠土地生活的人也逐渐向工业化和城市化靠拢，从情感上更向往工业文明和都市生活。其次是人类对土地崇拜感的消失。现代科学的基本理念之一即是在理性基础上对自然的重新解释，对传统自然观进行"祛魅"。在科学自然观冲击下，泥土造人的神话及土地崇拜的自然观基础遭到祛魅和解构。原先为土地崇拜所指向的土地自然生产能力，经过土壤化学、土地科学及其他自然学科用化学元素（如氮、磷、钾）和气候规律等解释，不仅对土地生产能力的解释科学化，而且人类可以通过改变土壤的化学成分增加土壤的肥力，不必祈求和崇拜神灵。现代农业技术的发展，化肥、农药的使用，大棚种植、无土栽培等技术大大提高了土地的生产力，农业科学技术的重要性已经远远地超过了土地自然生产力的重要性，传统土地崇拜实为农业科技崇拜所替代。再次是离土意识的萌发与乡土文化的衰落。土地和农民是乡土文化的孕育者，工业化进程中生产生活方式的变革引发人们竞相追逐效仿城市化的生活方式，乡土文化处于尴尬境地。这一方面是生产力发展使然，另一方面是由于中国的城乡二元结构造成的文化冲突。城乡二元结构中以土地谋生的农民长期经济社会地位低下，没有任何社会保障，农村的教育、医疗、卫生等公共产品稀缺，农民对这些公共产品的需求必须到城市获得。相反城市身份是获得充裕经济资源和社会资源的保障，在这个过程中，城市生活方式成为农村生活所向往的。但是农村文化的人际依赖、生活习惯、情感诉求等方面与城市不同，城乡文化冲突剧烈。在这个冲突过程中，城市文化主导着文化的话语权和传播权，土地上生活的人被称为"泥腿子”，乡土文化被视为“土里土气”、“乡气”，城市文化的“傲慢”与乡土文化的“自卑”是人们情感态度的真实反应。生活在土地上的人们通过考学、参军、打工、经商等方式争相脱离土地，对土地的依赖感和崇拜感越来越淡。而且崇土意识到离土意识的转变还在进一步深入，特别是土地制度进一步改革的理念是发挥土地的农业经济功能和土地资本功能，原有土地与农民身份之间的政治经济联系和社会保障功能将逐步被割断，农村土地将逐渐成为资本，成为农业经济的资源，而人类对土地的情感将进一步疏离流失。费孝通先生在其《乡土中国》中指出并分析了这种变化：“从基层上看去，中国社会是乡土性的。我说中国社会的基层是乡土性的，那是因为我考虑到从这基层上曾长出一层比较上和乡土基层不完全相同的社会，而且在近百年来更在东西方接触边缘上发生了一种很特殊的社会。”①钱理群先生对这种疏离乡土文化的情形表示担忧：“我忧虑的不是大家离开本土，到国外去学习，忧虑的是年轻一代对养育自己的土地，和这片土地上的文化，以及土地上的人民产生了认识上的陌生感，情感和心理上的疏离感。我觉得这会构成危机的。我经常跟学生说你离开了本土，没有了本土的意识，同时又很难融入到新的环境中去，从农村到城市，你很难融入到城市，到美国，也很难融入到美国，这样一边融不入，一边脱离了，就变成了无根的人，从而形成巨大的生存危机，而且从民族文化上说，对民族文化也构成巨大的危机。所以我编《贵州读本》时就很明确地提出一个口号——‘认识你脚下的土地’。在全球化这样一个背景下提出这样的口号，其实就是寻找我们的根，我们民族国家的根。所以乡土教材不仅仅是增加学生对一些乡土的了解，更主要的是建立他和乡土（包括乡土文化及乡村的普通百姓、父老乡亲）的精神血缘联系，我觉得这是乡土教育一个重大的特征。”②在国内大力推动乡土教材的郝冰在她主持的系列乡土教材总序里写道：“在乡里，最容易辨认的就是乡村小学。教室、旗杆、操场、围墙、标语，都是显著的标志。年复一年，学生们从校门中走出来，有的回到土地，有的走向城市。学校教育给了这些乡村少年什么呢？我们想让这些孩子的行囊中多一样东西：对家乡的记忆和理解。无论他们今后走向哪里，他们是有根的人。因此我们决定编一套乡土教材，把天空、大地、飞鸟、湖泊和人的故事写进去。这套教材只是一粒种子，一滴水，希望有一天这些乡村少年

① 费孝通.乡土中国　生育制度[M].北京：北京大学出版社，1998：6.
② 蒋韡薇.【冰点】：乡土教材在中国[N].中国青年报，2006－10－18.

心里装着森林、大海走世界。”①

乡土生态知识的学习与乡土情感的培育是相辅相成的。乡土生态知识的认识、了解和发挥既有功利主义和科学主义的要素，也基于对乡土文化的尊重和对乡土社会、乡土文化的情感。需要指出的是，乡土环境教育培育的对自然的情感不是个别人的非理性情感的表达，而是客观的、群体的理性的情感。“所谓情感理性，当然不是指个人的私情，私人情感是不能成为理性的。中国哲学所说的情感，是指人类共同的、具有道德意义的情感，无论道家的‘慈’，还是儒家的‘爱’，都是一种自然的又是具有道德意义的情感。这样的情感是能够成为理性的，故称之为情感理性，用中国哲学的语言表述，就是‘情理’。”②“中国的情感理性不仅在人与人之间建立起普遍的伦理关系，而且在人与自然之间建立起伦理关系，自然界成为人类伦理的重要对象，人类对自然界有伦理义务和责任，而这种义务和责任，是出于人的内在的情感需要，成为人生的根本目的。”③

二、日常生活批判视角的低碳生活教育

地方性视角的乡土环境教育作为培育路径适合对在乡土或者离乡土生产生活方式较接近的区域所生活的人们进行环境教育。尽管怀着对乡土社会和乡土文化的深深眷恋，但工业化、现代化和城市化不仅仅是当代许多中国人的主要生活方式，而且还是未来发展的不可逆转的方向。故而，具有环境美德的绿色人格的培育路径还必须提出相应的针对城市生活方式的培育理念。罗莎琳德·赫斯特豪斯指出，我们今天研究的美德就是针对生活在21世纪的、以城市居住为主的生活模式的人们，其如何改变自己的生活方式。低碳生活方式是当前倡导的、符合环境伦理的价值观念且彰显人之美德的日常生活方式，是培育具有环境美德的绿色人格的重要路径之一。

低碳(low carbon)最初是环境经济学的概念，碳(carbon)指工业生产过程中排放到大气中的二氧化碳的量，消耗能源和排放二氧化碳被视作影响生态环境的显

① 蒋韡薇.【冰点】：乡土教材在中国.[N].中国青年报，2006－10－18.
② 蒙培元.为什么说中国哲学是深层生态学？[J].新视野，2002(6)：45.
③ 蒙培元.为什么说中国哲学是深层生态学？[J].新视野，2002(6)：46.

在指标，环境经济学家以此来估算国家、地域或者某个工业对环境的影响。碳排放也因此成为国际政治和气候伦理中争论的焦点和使用的核心概念之一，低碳，就要求在人类的活动和工业生产中减少碳排放，进而减少对环境的影响。在哥本哈根全球气候峰会后，低碳概念成为风靡全球并广受认同的概念，“节能减排活动”成为中国政府的重要工作之一，也深深地影响到每一个普通人的生活观念，低碳成为环保的时尚代言词。

虽然低碳首要的是经济的和生产方式的概念，但是也逐渐具有了环境伦理的意义，甚至可以称之为“碳伦理”。在哲学的较为抽象的层面上谈到人与自然的伦理关系，人对自然的道德责任或道德义务时，“碳”的概念提供了人与自然伦理联系的“具体”方式。个人、社群和国家的“碳”排放量表明了其活动对自然所产生的影响，也从道义上确定了其对自然承担伦理责任的尺度，从道德心理层面明确了道德义务的量度。那么，如何实现低碳生活呢？规范主义思路的环境道德教育通常诉诸知识和规范。知识层面常常见于各种低碳技巧的宣传中，譬如如何设定节能的空调度数，如何实现废物利用，如何节约水电等，可见于各种低碳活动的宣传册。在知识宣传的过程中，同时确立一些低碳的行为规范。这二者在推动都市化生活中低碳生活的实施是有一定作用的，但归根结底是需要有低碳观念的人，有具有环境美德而能够诉诸实际行动的低碳生活践行者。

与道德哲学模式对环境伦理问题从形而上的本体论、价值论的理论建构和与应用伦理学模式对环境伦理从公共政策和对话平台的角度建构相比，低碳生活方式的环境伦理基础和道德教育活动是日常生活领域的活动，对低碳生活观念的确立须从日常生活的角度展开。但是，与一般意义上指涉的柴米油盐酱醋茶的日常生活理念不同，日常生活批判需要对当前我们的城市生活方式及其相应的观念进行日常生活批判，从日常生活批判的视角展开环境道德教育。“所谓‘日常生活批判’，是通过创造一种日常生活异化形式的现象学，通过对这些异化形式作精巧、丰富的描写来进行的，即通过诸如家庭、婚姻、两性关系、劳动场所、文化娱乐活动、消费方式、社会交往等等问题的研究，对日常生活领域中的异化现象进行批判而进行的。”①法国著名的马克思主义批判哲学家亨利·列斐伏尔(Henri Lefebvre)是日常生活批判理论的首创者，他认为日常生活批判并非是在日常生活层面上的絮絮

① 陈学明，等.让日常生活成为艺术品[M].昆明：云南人民出版社，1998：37.

叨叨，而是用一种非平庸的看法来看待平庸。以列斐伏尔为代表的日常生活批判理论"异化论"将现代日常生活看成是一个全面异化的领域，只有在日常生活的根部扬弃异化，回归到原始自然的日常生活中，人才能找到自己精神的家，才能实现自由解放。

从环境问题的视角看，当代中国日常生活模式在饮食起居、人伦日用、交通出行、消费娱乐等方面与环境问题息息相关。以居住方面为例，中国传统社会的乡村居住传统正在经历着城市化进程，"征地"、"拆迁"、"买房"、"装修"成为非常具有时代特色的字眼，与此相关的耕地减少、城市扩张、房产、装修环保材料使用等等问题成为中国人生活中全民化的、日常化的关注、讨论焦点。再以饮食为例，食品安全也是寻常百姓天天高度关注的。"买小青菜是买虫咬过的还是买没咬过的?"这不仅是日常生活中的买菜技巧，更折射出当下生活方式中人们的担忧和焦虑情绪，而这种焦虑情绪的背后又是大量使用的化肥、农药，大量被污染的地下水和被破坏的生态系统。在矛盾和焦虑的日常生活世界中，对现代化的中国日常生活图式进行批判，主要来源于日常生活的异化。环境伦理视阈中日常生活世界的异化主要根源于消费主义的异化及其导致的人与自然关系的异化。

在市场经济的"消费"概念进入中国日常生活世界之前，中国社会处于物质非常匮乏的状态，人基本的物质需要如衣服、饮食等尚不能得到满足，存在"生产力与人民群众日益增长的需要"之间的矛盾。那时中国社会日常生活模式中所产生的需要基本上处于基本的、合理的需要阶段。市场经济手段的运用大大激发了生产力，也大大刺激了人的各种需要。当下的中国日常生活模式中，欲望(want)和需求已经代替了基本需要(need)，人的需求正在不断升级，也在不断异化。如食品的需要从"果腹"的需要，到"营养"的需要，到"美味"的需要，再到"炫耀"的需要，再到"猎奇"的需要，当某些地域的饕餮大餐针对野生动物的时候，需要已经彻底异化为炫耀、奢侈消费和猎奇变态消费，已经彻底突破了环境伦理的道德底线，进而带来了如"非典"这样的灾难。中国当下的日常生活模式中，日益膨胀的各种消费需要正成为社会经济发展的动力，故而"刺激内需"常见诸报端。

需求的异化带来消费的异化，消费主义社会的特征正在中国日常生活模式中显现。从传统自给自足的农业自然经济向现代工业经济和消费社会的转型是中国日常生活模式转变的时代背景，消费主义在中国当下日常生活模式不断地从物质层面向精神层面蔓延。从物质层面，第三产业在国民经济中的比重越来越大，"消费”成为中国人的口头禅,可以代替购物、聚餐、娱乐等各个领域,“消费”一词成为各种行为的集合名词。从精神层面看,“我消费我快乐”的消费主义价值观正成为当代中国人的精神理念。在服务消费中,消费主义正打破基本的社会伦理道德,消费精神层面的东西,譬如饭店提供的跪式服务,客人消费的正是服务生的人格尊严;某商场将顾客全部称为“老师”,顾客消费的不是所购物品,是“老师”背后的社会尊敬。套用流行语“哥抽的不是烟,是寂寞”,即“我消费的不是物,而是精神”。这种消费异化的背后正是列斐伏尔批判的“控制消费的官僚社会”,这个社会不断地生产和创造新的商品并通过新奇的广告宣传不断地刺激人们的消费欲望,影响人们的消费方式和习惯。广告宣传不仅仅提供了一种消费的意识形态,而且更主要的是创造着“我”这样自我实现的消费者形象。

消费异化在人与自然层面就表现为“消费自然”的理念。人与自然关系的本真状态为人是自然的一部分,是自然的生命过程,人的生命和生活本身是自然的,人与自然是融为一体的。以消费主义的理念看待自然,自然不再是孕育人类的生命母体,而是被大肆消费的对象,从我们将自然称之为“自然—资源”就可以看出。在消费主义的层面上,人与自然之间的本真关系即变为人与自然之间的消费关系。在中国日常生活世界中,生活水平提高的一个标准是旅游。无论是从地方政府、旅游企业以及旅游者的观念中,旅游都是一种消费,消费的是自然环境的空气、景致、物产等。

从需求的异化、消费的异化到人与自然关系的异化,环境伦理视角的中国日常生活模式的现象学显现也符合了列斐伏尔对西方社会的消费异化导致人的异化的分析与描述。消费异化是导致环境问题的现代化中国日常生活图式的根源之一,对消费异化的消除是环境伦理在日常生活层面构建的基本任务之一,也是环境道德教育的重要内容。环境道德教育就是要培养一种反异化的生活方式和价值观念,而且要培育具有可持续发展观的人,培育具有环境美德的绿色人格的人。对于目前的中国来说,生态文明是一种文化转型,是一个历史契机,对生态文明进行道德文化建设,培育具有环境美德的道德的人非常重要。“环保有丰富的文化内涵。环保意识反映了个人修养,也反映了一个民族的文化水准。一个人吃完水果把果皮扔到垃圾桶,而不是扔在马路上,就体现了这个人的文化素养。一个家庭耐心地把垃圾分开,装入不同的垃圾箱,这是一个家庭文化的提升。环保可以使我们民族形成一种更精致、更有品位的生活方式。现在欧洲已经很少有人穿裘皮大衣了,因为穿出去就等于违背了保护野生濒危动物的主流文化，会遭到鄙视。现在在瑞典等国开始出现一种新文化，以开耗油的大车为耻辱，以开环保车，甚至骑自行车为时尚。……如果我们也能形成这种环保文化和时尚，那么对于我们这个似乎过于讲究物质生活的社会，也会是一种巨大的文化提升。在环保方面，我们应该也可以走到美国的前面去。如果我们能以环保为契机，推动有个性、有品位的环保生活方式，这将有助于改造我们现在崇尚奢华的社会风气，有助于提高我们全民族的文化修养和素质。”①

① 张维为.生态文明：中国的机遇[J].企业文化，2008(12)：81—82.

结　语

生态环境危机的应对成为世纪课题，也成为一个横断学科，其研究牵涉到方方面面，渗透到各个领域。在林林总总的研究中，最根本的问题其实还是一个亘古常新的问题，就是人的问题。在意识到生态环境危机的始作俑者是人，并且生态环境的最终改善也必须依靠人的前提下，克服生态环境危机，建设生态文明的诸多层面问题就转变成为对人的研究和培养问题，即在解决环境危机，建设生态文明中需要什么样的人，以及如何培养这样的人。本书提出建设生态文明需要培养具有环境美德的人，并且从环境美德何以必要，环境美德如何可能，环境美德有何传统，环境美德涵何内容，环境美德如何实践等五个方面对此进行了初步分析与回答。如前所述，环境美德是一个刚刚开启思考的议题，本书的研究与其说是解答不如说是揭开了环境美德的问题之匣，书中有些问题的思考还不够全面、深入，有些问题还需要在未来的研究中继续下去。在这里，就按照五个问题的思路回顾对这些问题的探讨，同时探讨需要进一步展开的环境美德的研究。

环境美德何以必要？从环境道德宣传和环境道德教育中对具有环境美德的道德人格的精神内涵认识的从无到有、从模糊到清晰以及从理论上深入研究的必要中提出新型环境美德的概念。在理论层面，对西方环境伦理学家论证人应该对自然进行道德关怀和人对自然负有道德义务的两条路径，即抬升自然道德的地位和规范人的行为路径及其导致的环境伦理学困境进行了分析。因此，从环境教育实践和环境伦理理论建设方面，环境美德的研究都是非常重要的研究命题。回答"环境美德何以必要"的问题激发了现实生活中对"绿色人物"概念和道德内涵的关注，书中仅是将其作为引出环境美德问题的引子，事实上在环境道德教育实践中，还需要大量的研究，可以展开对绿色人物的叙事研究，特别是对在环境宣传中为受众所接受的"绿色中国年度人物"的道德内涵进行传播学、教育学和伦理学相结合的分析，相信一定会有新的发现。

"环境美德何以可能"是个比较抽象而难回答的问题。本书论证，可能理由一是存在与德性相统一，德性统摄存在。生态哲学的研究提出了生态存在论的观点，以此为据，作为统摄生态存在的美德，必然需要且可能存在着生态/环境美德。可能理由二是从当前共同体主义的角度出发，共同体生活是美德形成孕育的土壤，随着共同体生活向生态共同体的拓展，在生态共同体中生活必然孕育出人与自然共荣共生的美德，即环境美德。在未来的研究中，环境美德可能的论证还可以从人的道德能力拓展的角度研究。根据劳伦斯·科尔伯格(Lawrence Kohlberg)的道德能力发展阶段论，人的道德能力随着年龄和社会化的过程不断发展。就人类整体而言，人类的道德能力应该且能够发展出与自然和谐共处的美德能力。这是需要继续研究的问题之二。

"环境美德有何传统"本身就是一个庞大的话题，如果有充裕的时间和篇幅或许可以写出中西环境美德的思想史和观念史。本书限于篇幅和能力原因，对中西环境美德思想进行了片段式的论述。亚里士多德思想的自然观和美德观具有融合性，使事物的自然特性得到好的发挥并达到善就是美德，自然而然之自然又源于物质自然，故而隐含着丰富的环境美德思想。中国环境美德思想资源中，最主要的是提出"德物关系"，并列举中国传统伦理思想中的片段。在未来的研究中，环境美德思想在中西方文化中思想的、观念的、文化的呈现还可以继续深入地研究。

"环境美德涵何内容"是一个需要整理、搜集和重新阐释的工作，并且在付诸大量的整理、搜集和阐释环境美德的德目工作之后，还需要为其构筑一个逻辑框架加以整合。本书在对西方环境伦理学家的德目意蕴进行阐释、环境美德德目类型进行划分的基础上，提出了一个以"和合"为主体的同心圆德目框架，并重点对"敬"、

"诚"、"仁"、"俭"四个德目作了环境美德意蕴的阐释。在德目体系和德目意蕴的阐释中，传统文化的德目具有了较高的概括力和生命力，因此所使用的德目语言似乎还是传统的，而事实上经过阐释的德目已经于传统德目的内涵相融中而生出新内涵。

"环境美德如何培育?"在众多的培育路径中，乡土教育和日常生活批判是本书专注研究的两种理念。乡土教育是基于地方性知识，包括地方性情感的角度的教育，是对传统教育、乡土生活的眷恋和回归。日常生活批判主要是对消费主义观念主导下的日常生活方式进行批判，提倡绿色的生活方式来达到对环境美德的培育。这两种理念指导下的培育实践是丰富多彩的，也是可以融合到已有的多种形式的环境教育活动中去的。环境美德的理念渗透后，公众看到浪费、污染、破坏、杀戮等时，会将其与人的道德品质联系起来。在自己的行为和道德要求中，也自觉自愿地以"我是一个有道德的人"、"我是一个具有环境美德的人"来自我约束，达到在人与自然和谐共生中的自我实现。

参考文献

一、中文参考论著

[1] 阿尔贝特·施韦泽. 敬畏生命[M]. 陈泽环，译. 上海：上海社会科学出版社，2003.

[2] 曹孟勤. 人性与自然：生态伦理哲学基础反思[M]. 南京：南京师范大学出版社，2004.

[3] 查尔斯·泰勒. 自我的根源：现代认同的形成[M]. 韩震，等，译. 南京：译林出版社，2008.

[4] 陈根法. 德性论[M]. 上海：上海人民出版社，2004.

[5] 陈鼓应. 老子注译及评介[M]. 北京：中华书局，1984.

[6] 陈红兵. 佛教生态哲学研究[M]. 北京：宗教文化出版社，2011.

[7] 陈名财. 生态存在论[M]. 北京：中国社会科学出版社，2010.

[8] 陈真. 当代西方规范伦理学[M]. 南京：南京师范大学出版社，2006.

[9] 崔宜明. 道德哲学引论[M]. 上海：上海人民出版社，2006.

[10] 大学;中庸[M]. 太原：山西古籍出版社，1999.

[11] 戴斯·贾丁斯. 环境伦理学：环境哲学导论[M]. 林官明，杨爱民，译. 北京：北京大学出版社，2002.

[12] 戴望. 管子校正[M]//国学整理社. 诸子集成(第五册). 北京：中华书局，1978.

[13] 戴兆国. 心性与德性：孟子伦理思想的现代阐释[M]. 合肥：安徽人民出版社，2005.

[14] 杜秀娟. 马克思主义生态哲学思想历史发展研究[M]. 北京：北京师范大学

出版社，2011.
[15] 恩斯特·卡西尔. 人论[M]. 甘阳，译. 上海：上海译文出版社，1985.
[16] 费孝通. 乡土中国　生育制度[M]. 北京：北京大学出版社，1998.
[17] 高国希. 道德哲学[M]. 上海：复旦大学出版社，2005.
[18] 韩立新. 环境价值论[M]. 昆明：云南人民出版社，2005.
[19] 霍尔姆斯·罗尔斯顿. 哲学走向荒野[M]. 刘耳，叶平，译. 长春：吉林人民出版社，2000.
[20] 霍尔姆斯·罗尔斯顿. 环境伦理学：大自然的价值以及人对大自然的义务[M]. 杨通进，译. 北京：中国社会科学出版社，2000.
[21] 江畅. 德性论[M]. 北京：人民出版社，2011.
[22] 卡洛林·麦茜特. 自然之死[M]. 吴国盛，等，译. //杨通进，高予远. 现代文明的生态转向. 重庆：重庆出版社，2007.
[23] 李承贵. 德性源流：中国传统道德转型研究[M]. 南昌：江西教育出版社，2004.
[24] 李培超. 伦理拓展主义的颠覆：西方环境伦理思潮研究[M]. 长沙：湖南师范大学出版社，2004.
[25] 李晓菊. 环境道德教育研究[M]. 上海：同济大学出版社，2008.
[26] 刘湘溶. 人与自然的道德话语：环境伦理学的进展与反思[M]. 长沙：湖南师范大学出版社，2004.
[27] 卢风. 人、环境与自然：环境哲学导论[M]. 广州：广东人民出版社，2011.
[28] 罗泰勒. 民胞物与：儒家生态学的源与流[M]. //安乐哲，Mary Evelyn Tucker. 儒学与生态. 南京：江苏教育出版社，2008.
[29] 马桂新. 环境道德教育[M]. 北京：科学出版社，2006.
[30] 马克思. 1844 年经济学哲学手稿[M]. 中共中央马克思恩格斯列宁斯大林著作编译局，编译. 北京：人民出版社，2002.
[31] 马克思，恩格斯. 马克思恩格斯选集[M]. 中共中央马克思恩格斯列宁斯大林著作编译局，编译. 北京：人民出版社，1995.
[32] 迈基文. 社会学原理[M]. 张世文，译. 上海：商务印书馆，1933.
[33] 麦金太尔. 追寻美德：道德理论研究[M]. 宋继杰，译. 南京：译林出版社，2003.

[34] 蒙培元.人与自然：中国哲学生态观[M].北京：人民出版社,2004.
[35] 纳什.大自然的权利[M].杨通进,译.青岛：青岛出版社,2005.
[36] 齐格蒙特·鲍曼.共同体[M].欧阳景根,译.南京：江苏人民出版社,2003.
[37] 任俊华,刘晓华.环境伦理的文化阐释：中国古代生态智慧探考[M].长沙：湖南师范大学出版社,2004.
[38] 佘正荣.中国生态伦理传统的诠释与重建[M].北京：人民出版社,2002.
[39] 孙道进.马克思主义环境哲学研究[M].北京：人民出版社,2008.
[40] 唐纳德·沃斯特.自然的经济体系[M].侯文蕙,译.北京：商务印书馆,1999.
[41] 王国银.德性伦理研究[M].长春：吉林人民出版社,2006.
[42] 王海明.美德伦理学[M].北京：北京大学出版社,2011.
[43] 王正平.环境哲学：环境伦理的跨学科研究[M].上海：上海人民出版社,2004.
[44] 温茨.现代环境伦理[M].宋玉波,朱丹琼,译.上海：上海人民出版社,2007.
[45] 解保军.马克思自然观的生态哲学意蕴："红"与"绿"结合的理论先声[M].哈尔滨：黑龙江人民出版社,2002.
[46] 徐嵩龄.环境伦理学进展：评论与阐释[M].北京：社会科学文献出版社,1999.
[47] 徐向东.美德伦理与道德要求[M].南京：江苏人民出版社,2007.
[48] 徐子宏.周易全译[M].贵阳：贵州人民出版社,2009.
[49] 亚里士多德.尼各马可伦理学[M].廖申白,译注.北京：商务印书馆,2003.
[50] 亚里士多德.形而上学[M].苗力田,译.北京：中国人民大学出版社,2003.
[51] 杨国荣.伦理与存在：道德哲学研究[M].上海：上海人民出版社,2002.
[52] 杨通进.环境伦理的全球视野和中国话语[M].重庆：重庆出版社,2007.
[53] 尤金·哈格洛夫.环境伦理学基础[M].杨通进,等译.重庆：重庆出版社,2007.
[54] 余谋昌.生态哲学[M].西安：陕西人民教育出版社,2000.
[55] 曾建平.寻归绿色：环境道德教育[M].北京：人民出版社,2004.
[56] 曾建平.自然之思：西方生态伦理思想探究[M].北京：中国社会科学出版社,2004.

[57] 郑慧子. 走向自然的伦理[M]. 北京：人民出版社，2006.
[58] 朱贻庭. 中国传统伦理思想史[M]. 增订本. 上海：华东师范大学出版社，2003.
[59] 朱智贤. 心理学大词典[M]. 北京：北京师范大学出版社，1989.
[60] 庄庆信. 中西环境哲学：一个整合的进路[M]. 台北：五南图书出版公司，2002.

二、中文参考论文

[1] 曹孟勤. 在成就自己的美德中成就自然万物：中国传统儒家成己成物观对生态伦理研究的启示[J]. 自然辩证法研究，2009，25(7)：109—113.
[2] 陈翠芳. 从德性理解环境伦理学[J]. 武汉大学学报，2005，58(1)：92—97.
[3] 陈慧. 天人合一：论亨利·大卫·梭罗的《瓦尔登湖》所蕴含的环境美德伦理思想[D]. 厦门：厦门大学，2009.
[4] 陈赟. 音乐、时间与人的存在：对儒家"成于乐"的现代理解[J]. 现代哲学，2002(2)：92—97.
[5] 陈泽环. 试论发展中国伦理学的基本类型[J]. 哲学动态，2007(8)：17—22.
[6] 董玲. 美德伦理的方法在环境伦理研究中的运用：西方 EVE 及其启示[J]. 自然辩证法研究，2009，25(9)：89—94.
[7] 方德志. 论亚里士多德"自然"德性伦理学对德性伦理学复兴的启示[J]. 道德与文明，2010(5)：149—157.
[8] 方克立. "天人合一"与中国古代的生态智慧[J]. 社会科学战线，2003(4)：207—217.
[9] 傅德田，朱巧香. 人的设定与环境伦理理念[J]. 道德与文明，2009(6)：103—107.
[10] 郭玲玲. 建立在新人道主义基础上的环境伦理学：环境伦理的人学基础[D]. 长春：吉林大学，2006.
[11] 郭增花. 伦理：人的存在之维[J]. 经济与社会发展，2010(7)：65—67.
[12] 郭之瑗. 试论"比德"性自然审美观[J]. 孔学研究，2000(6)：231—238.
[13] 何国瑞. 论杜甫仁民爱物的思想[J]. 武汉大学学报：哲学社会科学版，1996(3)：71—77.

[14] 赫尔曼·格林. 生态时代与共同体[J]. 尹树广，尹洁，译. 学术交流，2003(2)：1—9.
[15] 季羡林. “天人合一”方能拯救人类[J]. 东方，1993(1)：6.
[16] 康中乾，王有熙. 中国传统哲学关于“天人合一”的五种思想路线[J]. 陕西师范大学学报：哲学社会科学版，2011，40(1)：43—52.
[17] 李承贵. 中国传统德性智慧的三个来源及其当代审视[J]. 福建论坛：人文社会科学版，2005(2)：81—88.
[18] 李敏. 环境伦理学的新出路：环境美德伦理学的兴起[J]. 周口师范学院学报，2010，27(1)：98—99.
[19] 李火林，徐海晋. 科学技术与人的存在方式[J]. 浙江社会科学，2000(5)：92—96.
[20] 李建珊，王希艳. 环境美德伦理学：环境关怀的一种新尝试[J]. 自然辩证法通讯，2009，31(5)：17—21.
[21] 李建珊，王希艳. 托马斯·希尔的环境美德伦理学思想解析：谦逊地对待自然[J]. 南开学报：哲学社会科学版，2009(3)：43—49.
[22] 李义天. 共同体与公民美德[J]. 天津行政学院学报，2009，11(3)：18—23.
[23] 刘丙元. 从规范到德性：当代道德教育哲学的本真回归[J]. 理论导刊，2010(1)：34—36.
[24] 刘福森. 自然中心主义生态伦理观的理论困境[J]. 中国社会科学，1997(3)：45—53.
[25] 刘玮. 亚里士多德与当代德性伦理学[J]. 哲学研究，2008(12)：98—108.
[26] 卢风. 论儒家之“诚”的启示[J]. 哲学动态，2004(2)：14—17.
[27] 吕耀怀. “俭”的道德价值——中国传统德性分析之二[J]. 孔子研究，2003(3)：109—115.
[28] 蒙培元. 为什么说中国哲学是深层生态学？[J]. 新视野，2002(6)：42—46.
[29] 蒙培元. 中国哲学中的情感理性[J]. 哲学动态，2008(3)：19—24.
[30] 秦越存. 美德与人的存在[J]. 道德与文明，2009(6)：65—68.
[31] 宋洪云. 论创造与人的存在[J]. 前沿，2009(11)：34—37.
[32] 孙道进. 环境伦理学的价值论困境及其症结[J]. 科学技术与辩证法，2007，24(1)：19—22.

[33] 孙道进."荒野"自然观：环境伦理学研究的症结[J].重庆社会科学,2005(4)：48—52.
[34] 唐忠毛：佛教生态伦理核心及其现代诠释[EB/OL].佛教在线,[2008-10-27].http://www.fjdh.cn/wumin/2009/04/07425474755.html.
[35] 万俊人."德性伦理"和"规范伦理"的之间和之外[J].神州学人,1995(12)：32—33.
[36] 万俊人.美德伦理如何复兴?[J].求是学刊,2011,38(1)：44—49.
[37] 万俊人.关于美德伦理学研究的几个问题[J].道德与文明,2009(6)：17—26.
[38] 万俊人.重建美德伦理如何可能：序秦越存博士新著《追寻美德之路》[J].伦理学研究,2008(4)：106—107.
[39] 万俊人.关于美德伦理学研究的几个理论问题[J].道德与文明,2008(3)：17—26.
[40] 王海明.论道德共同体[J].中国人民大学学报,2006(2)：70—76.
[41] 王希艳.环境伦理学的美德伦理学视角：西方环境美德思想及其实践考察[D].天津：南开大学,2010.
[42] 卫伟.评亚里士多德的自然观念[D].上海：华东师范大学,2004.
[43] 吴先伍."常善救物,故无弃物"中的生态智慧[J].南京林业大学学报：人文社会科学版,2010,10(2)：18—23.
[44] 夏湘远.德性生态人：可持续发展伦理观的主体预制[J].求索,2001(6)：91—94.
[45] 辛格.所有动物都是平等的[J].许广明,译.哲学译丛.1994(5)：30—35.
[46] 徐开来.亚里士多德论自然[J].社会科学研究,2001(4)：54—60.
[47] 薛富兴.铸造新德性：环境美德伦理学刍议[J].社会科学,2010(5)：115—123.
[48] 杨国荣.道德系统中的德性[J].中国社会科学,2000(3)：85—97.
[49] 杨庭硕.论地方性知识的生态价值[J].吉首大学学报：社会科学版,2004,25(3)：23—29.
[50] 杨通进.论环境伦理的两种探究模式[J].道德与文明,2008,40(1)：43—52.
[51] 杨志明.论理想与人的存在方式[J].云南师范大学学报,2000,32(3)：

7—10.
[52] 衣俊卿. 论人的存在：人学研究的前提性问题[J]. 学习与探索，1999(3)：48—54.
[53] 袁同凯. 地方性知识中的生态关怀：生态人类学的视角[J]. 思想战线，2008，34(1)：6—8.
[54] 曾建平. 试论环境道德教育的本质特征[J]. 伦理学研究，2003(5)：71—75.
[55] 赵卫国. 亚里士多德自然哲学中的人文向度：兼论亚里士多德自然哲学是否阻碍近代自然科学的发展[J]. 科学技术与辩证法，2008，25(4)：82—86.
[56] 张维为. 生态文明：中国的机遇[J]. 企业文化，2008(12)：81—82.
[57] 郑慧子. 环境哲学的实质：当代哲学的"人类学转向"[J]. 自然辩证法研究，2006，22(10)：9—13.
[58] 中国环境意识项目办. 2007 年全国公众环境意识调查报告(简本)[OB/OL](2008-04-04). http://news. sina. com. cn/o/2008-04-03/15341368138/s. shtml.
[59] 周笑冰. 环境教育的核心理念及目标[J]. 北京师范大学学报：人文社会科学版，2002(3)：118—122.
[60] 周治华. "尊重自然"何以可能？[J]. 云南师范大学学报：哲学社会科学版，2008，40(6)：77—81.
[61] 周治华. 中国传统环境伦理思想的德性伦理特征及其当代启示[J]. 道德与文明，2010(6)：68—71.

三、外文论著

[1] BENTHEM J. The principle of morals and legislation [M]. New York：Dover Publications，2007.
[2] COOPERD E，JAMESPS. Buddhism，virtue and environment [M]. Aldershot：Ashgate，2005.
[3] DEVALL B，SESSIONS G. Deep ecology：living as if nature mattered [M]. Layton，Utah：Gibbs M Smith，1985.
[4] HURSTHOUSE R. On virtue ethics [M]. Oxford：Oxford University Press，1999.

[5] HURSTHOUSE R. Environmental virtue ethics [M]// WALKER RL, IVANHOE PJ. Working Virtue: Virtue Ethics and Contemporary Moral Problems. Oxford: Clarendon Press, 2007: 155 - 171.

[6] LEOPOLD A. A Sand county almanac with essays on conversation from Round River [M]. New York: Oxford University Press, 1949.

[7] SANDLER R, CAFARO P. Environmental virtue ethics [M]. Oxford: Rowman and Littlefield Publishers. 2005.

[8] SANDLER R. Character and environment: a virtue-oriented approach to environmental ethics [M]. New York: Columbia University Press, 2007.

[9] SPINOZA. On the improvement of the understanding [M]. New York: Dover Publications, 1955.

[10] TAYLORP. Respect for nature [M]. Princeton, New Jersey: Princeton University Press, 1986.

四、外文论文

[1] BENDIK - KEYMER J. Species extinction and the vice of thoughtlessness: the importance of spiritual exercise for learning virtue [J]. Journal of Agricultural and Environmental Ethics, 2009,23(1): 61 - 83.

[2] BENDIK - KEYMER J. Analogical extension and analogical implication in environmental moral [J]. Philosophy in the Contemporary World, 2001,8 (2): 149 - 158.

[3] BLAKELEY N D. Neo-confucian cosmology, virtue ethics, and environmental philosophy [J]. Philosophy in the Contemporary World, 2001,8(2): 37 - 49.

[4] CAFARO P. The Naturalist's Virtues [J]. Philosophy in the Contemporary World, 2001,8(2): 85 - 99.

[5] CAFARO P. Patriotism as environmental virtue [J]. Journal of Agricultural and Environmental Ethics, 2010,23(1 - 2): 185 - 206.

[6] EHMANNW J. Environmental virtue ethics with Martha Stewart [J]. Philosophy in the Contemporary World, 2001,8 (2): 51 - 58.

[7] ERICKSON R. On environmental virtue ethics [J]. Environmental Ethics, 1994(16): 334 - 336.

[8] GAMBREL C J. The virtue of simplicity [J]. Journal of Agricultural and Environmental Ethics, 2010,23(1 - 2): 85 - 108.

[9] GEOFFREY F. What is environmental virtue ethics that we should be mindful of it? [J]. Philosophyin the Contemporary World, 2001,8 (2): 5 - 14.

[10] GEOFFREY F. Environmental virtue ethics: a new direction for environmental ethics [J]. Environmental Ethics, 1993(15),259 - 274.

[11] HILL E T. Ideals of human excellence and preserving natural environments [J]. Environmental Ethics, 1983,5(3): 211 - 224.

[12] HULLR. All about EVE: a report on environmental virtue ethics today [J]. Ethics and the Environment, 2005,10(1): 89 - 110.

[13] KAWALL J. The epistemic demands of environmental virtue [J]. Journal of Agricultural and Environmental Ethics, 2010(23): 109 - 128.

[14] KAWALL J. Inner diversity: an alternative ecological virtue ethics [J]. Philosophy in the Contemporary World, 2001,8(2): 27 - 36.

[15] LEOPOLD A. Some fundamental of conservation in the southwest [J]. Environmental Ethics, 1979,1(2): 131 - 141.

[16] MCDANIEL J. Christian spirituality as openness toward fellow creatures [J]. Environmental Ethics, 1986,8(1): 33 - 46.

[17] NORLOCKJ. K. Forgivingness, pessimism and environmentalcitizenship [J]. Journal of Agricultural and Environmental Ethics, 2010(23): 29 - 42.

[18] O'NEIL J. Environmental virtues and public policy [J]. Philosophy in the Contemporary World, 2001,8(2): 125 - 135.

[19] PATTERSON J. Maori environmental virtues [J]. Environmental Ethics, 1994,16(4): 397 - 409.

[20] SANDLER R. Ethical theory and the problem of in-consequentialism: why environmental ethicists should be virtue-oriented ethicists [J]. Journal of Agricultural and Environmental Ethics, 2010,23(1 - 2): 167 - 183.

[21] SANDLER R. Towards an adequate environmental virtue ethics [J]. Environmental Value, 2004,13(4): 477 - 495.

[22] SWANTON C. Heideggerian environmental virtue ethics [J]. Journal of Agricultural and Environmental Ethics, 2010,23(1 - 2): 145 - 166.

[23] TANTILLOA. J. Sport hunting: Eudaimonia and tragic wisdom [J]. Philosophy in the Contemporary World, 2001,8(2): 101 - 112.

[24] THOMPSON A. Radical hope for living well in a warmer world [J]. Journal of Agricultural and Environmental Ethics, 2010(23): 43 - 59.

[25] TREANOR B. Environmentalism and public virtue [J]. Journal of Agricultural & Environ-mentalEthics, 2010,23 (1): 9 - 28.

[26] VAN WENSWEEN L. Dirty virtues: The emergence of ecological virtue ethics [M]. New York: Humanity Books, 2000.

[27] VAYRYNEN K. Virtue ethics and the material values of nature [J]. Philosophy in the Contemporary World, 2001,8(2): 137 - 148.

[28] WATSON A. R. Self-consciousness and the rights of nonhuman animals and nature [J]. Environmental Ethics, 1979,1(2): 99 - 129.

后　记

本书是在我的博士论文基础上修改而成的，是我从事环境伦理学学习与研究的一个阶段性总结。对环境伦理学感兴趣是在 1997 到 2000 年在南京大学读硕士期间，在当时所修的科技伦理课程中，国内新翻译了系列丛书，其中的《我们共同的未来》、《伐木者醒来吧》、《寂静的春天》、《沙乡年鉴》、《多少算够?》等书引发了我对环境伦理学习的兴趣。对环境美德研究的思考始于 2004 年准备考博的时候，曾经产生过一些非常稚嫩的思想萌芽，但是却一直未能真正付诸实施。2008 年在美国访学，不经意间读到环境美德伦理学的研究论文，顿时内心一阵狂喜，沉寂在心中的萌芽被催生，对于当时非常新颖的环境美德伦理学研究思路竟有一种似曾相识的感觉。直到今天将自己对这个问题的初步思考写成论文并得以付梓，蓦然回首，竟然已经过去了十多个年头。

在硕士论文的后记中，我曾满怀感激地写下："感谢因哲学与我的生命结缘的人们。"当时是以本科和硕士七年作为一个阶段。在后来十多年的学习中，在博士论文出版之际，我想继续这样的感谢："感谢因环境伦理学与我的生命结缘的人们。"

感谢我的导师余玉花教授，十多年来无论是工作上还是学习上、生活上，余老师都一直给予我无微不至的关心和帮助，博士论文付梓出版，是她多年培养提携的结果。感谢我的领导和同事们，在工作中的相互支持和鼓励，特别是给予我一年的访学工作，使我得以在美国访学，接触并开展环境美德的相关研究。感谢美国北德克萨斯大学的哈格罗夫教授，在该校环境哲学中心的访学期间，我受到他的诸多启发和帮助，并且完成了本书的大部分构思。感谢杨通进教授给我提供了环境美德研究的最新资料。感谢高山、郭辉以及环境伦理学研究的诸多好友长期以来的支持和帮助。最后，要感谢我的家人的支持和帮助。父母多年来一直关爱和督促着我的不断上进；爱人总是默默地支持和奉献，总是希望多留给我一点学习和写作的时间。家人、孩子的理解和支持让我少了许多后顾之忧，终于能够将自己的多年思考化为著作出版。

本书从开始酝酿到成书历时近十年，书中的思想有借鉴前辈学者的思考与实践，也有自己的感悟与思考，还有同仁之间交流的启发，感谢那些谋面的和未曾谋面的为本书提供思想火花的学者。如今，环境美德伦理学的研究已经从默默无闻到关注者众多，本书的思考提出了许多问题，但未能一一深入回答，这将激励我以后继续从事环境美德的深入研究。

感谢教育部人文社会科学基金的资助，感谢华东师范大学新世纪学术著作出版基金的支持，感谢编辑们认真负责，严谨细致的工作！

姚晓娜

2016年8月4日